Deepak Kumar Goyal

Análise de falhas da caixa do trompete

Deepak Kumar Goyal

Análise de falhas da caixa do trompete

ScienciaScripts

Imprint

Cover image: www.ingimage.com

This book is a translation from the original published under ISBN 978-620-2-00732-0.

Publisher:
Sciencia Scripts
is a trademark of
Dodo Books Indian Ocean Ltd. and OmniScriptum S.R.L publishing group

120 High Road, East Finchley, London, N2 9ED, United Kingdom
Str. Armeneasca 28/1, office 1, Chisinau MD-2012, Republic of Moldova, Europe
Printed at: see last page
ISBN: 978-620-7-86416-4

ÍNDICE DE CONTEÚDOS

RESUMO

Em qualquer domínio da engenharia, a falha é um acontecimento indesejável, que causa muitos problemas. As causas habituais são a seleção incorrecta do material, o processamento e a conceção inadequada do componente ou a sua má utilização. A falha da carcaça do trompete do trator causa muitos problemas aos agricultores, pelo que exige uma análise detalhada. A análise das avarias permite obter muitas informações valiosas e as soluções podem ser introduzidas no sistema de fabrico.

O presente trabalho sobre a análise de falhas da caixa da trombeta de um trator é uma tentativa modesta de analisar a falha do componente e, consequentemente, de formular uma linha de ação para evitar esta falha. O presente trabalho envolve a utilização da técnica de análise de elementos finitos. O método dos elementos finitos é uma técnica de análise numérica que permite obter soluções aproximadas para uma série de problemas de engenharia. A distribuição das tensões na caixa do trompete foi analisada utilizando o software de análise ANSYS 5.4, a partir do qual foi calculada a tensão máxima produzida no componente sob determinadas condições de carga. A resistência da secção mais fraca foi melhorada através da introdução de alterações de conceção adequadas.

Capítulo 1

INTRODUÇÃO E PESQUISA BIBLIOGRÁFICA

1.1: INTRODUÇÃO

Em qualquer domínio da engenharia, a falha é um acontecimento indesejável, uma vez que o seu custo ultrapassa as expectativas. O custo de uma avaria de um componente não é apenas o custo da substituição do componente, mas pode envolver muitas outras despesas que ocorrem devido aos atrasos no trabalho. Para um cliente, pode tratar-se apenas de perdas monetárias, mas, para uma empresa, afecta a sua reputação. As causas comuns de avaria dos componentes mecânicos são a seleção inadequada do material, o processamento e a conceção inadequada do componente ou a sua utilização incorrecta. A avaria da carcaça do trompete causa muitos problemas aos agricultores e a outras pessoas que recorrem aos tractores para a transferência de materiais, etc. A avaria exige uma análise pormenorizada. A análise da avaria também ajuda a descobrir os pontos fracos da conceção do componente. Assim, ao encontrar as secções mais fracas ou os pontos onde ocorre a falha, podemos melhorar a resistência do componente. Assim, podemos reduzir as taxas de falha futuras.

Este trabalho sobre a análise da avaria da carcaça do trompete é uma tentativa modesta de analisar a avaria do componente da carcaça do trompete e, por conseguinte, de formular a linha de ação para evitar esta avaria utilizando técnicas de controlo adequadas. A falha deste componente pode ser estudada através de diferentes métodos. O presente estudo envolve a utilização da técnica de análise de elementos finitos. A análise de elementos finitos (FEA) é uma técnica numérica baseada em computador para calcular a resistência e o comportamento de estruturas de engenharia. Pode ser utilizada para calcular a deflexão, a tensão, a vibração, o comportamento de encurvadura e muitos outros fenómenos. Pode ser utilizada para analisar a deflexão em pequena ou grande escala sob carga ou deslocamento aplicado. Pode analisar a deformação elástica ou a deformação plástica "permanentemente deformada". O método dos elementos finitos é uma técnica de análise numérica para obter soluções aproximadas para uma variedade de problemas de engenharia. O método teve origem na indústria aeroespacial como ferramenta para estudar tensões em estruturas complexas de estruturas aéreas. Neste trabalho, utilizámos o software ANSYS. As capacidades de solução do ANSYS incluem: análise estática, elástica, plástica, de tensões térmicas, de tensões reforçadas, de grandes deflexões, de elementos bi-lineares; análise dinâmica, resposta harmónica modal, história temporal linear, história temporal não-linear; análise de transferência de calor, condução, convecção, radiação, acoplada ao fluxo de fluidos, acoplada ao fluxo elétrico; subestruturas. Este é também o fenómeno de poupança de tempo em componentes de forma complexa. Isto mostra melhores resultados em comparação com o estudo anterior.

1.1.1 ESTUDO DA COMPONENTE

Componente: - "Caixa da trompeta**"**

O componente da caixa da trompete é utilizado para atuar como cobertura do veio que transfere o binário da engrenagem do diferencial para a roda traseira. A caixa da trombeta também serve de suporte ao guarda-lamas. A montagem da caixa do trompete envolve, em primeiro lugar, a sua lavagem numa estação de lavagem. Em seguida, é limpa e seca com ar comprimido a alta pressão. Após a limpeza com ar comprimido, o rolamento de rolos cónicos 32212 é montado em ambas as extremidades. Em seguida, é montada a chumaceira de rolamento. Em seguida, o eixo traseiro é passado através do interior da caixa, após o que a tampa da extremidade da trompete é fixada. Em seguida, é montado o vedante de óleo 709013. Todo o conjunto é fixado à caixa do diferencial.

1.1.2 MATERIAL DO COMPONENTE:- O componente é uma fundição de ferro cinzento. O material utilizado é o FG 260, IS:210 com uma resistência à tração de 260 N/mm^2 e uma dureza Brinell de 180 a 230.

As outras propriedades do material utilizado são as seguintes :

Resistência à tração = 260 N/mm^2

0,01 por cento de tensão de prova = 73 N/mm^2 0,1 por cento de tensão de prova = 169 N/mm2 Deformação total na rotura = 0,57 % Deformação elástica na rotura = 0,20%

Total menos a deformação elástica na rotura = 0,37%

Resistência à compressão = 864 N/mm^2 Tensão de prova de 0,01% = 146 N/mm^2 Tensão de prova de 0,1% = 338 N/mm^2 Resistência ao corte = 299 N/mm^2 Resistência à torção = 299 N/mm^2

Deformação de corte na rotura = 4 %

Módulo de elasticidade em Tensão = 90

Módulo de elasticidade à compressão = 90

Módulo de rigidez = 51

1.1.3 POSSÍVEIS CAUSAS DE FALHA

As principais causas possíveis da falha são as seguintes

- Defeitos de material

- Deficiências de conceção
- Deficiências de processamento e fabrico
- Condição de serviço

Defeitos do material: Muitas falhas têm origem em imperfeições do material. Os defeitos internos e superficiais podem reduzir a resistência global do componente, proporcionando um caminho preferencial para a propagação da fenda.

Os cortes a frio, as inclusões, a porosidade, os vazios e as cavidades de contração podem apresentar problemas especiais na fundição. Lapsos, costuras, retração e cavidades estão relacionados com falhas no forjamento.

Deficiências de conceção: As falhas resultam de deficiências de conceção de uma natureza que indica que foram feitos poucos esforços de engenharia para evitar características de conceção que se sabe serem conducentes à falha. No outro extremo, por vezes, mesmo um projeto cuidadosamente concebido e minuciosamente avaliado pode ser deficiente e contribuir para uma falha precoce em serviço.

Deficiências de processamento: A suscetibilidade à falha está, por vezes, relacionada com a especificação de procedimentos de processamento inadequados, especificações incompletas ou ambíguas, alterações efectuadas nas especificações sem uma avaliação completa, não cumprimento do procedimento especificado e erro do operador ou danos acidentais. Os efeitos de superfície e as alterações metalúrgicas causadas pelo processamento têm influência na resistência à fadiga. O tratamento térmico incorreto ocorre sob diversas formas, tais como sobreaquecimento, subtemperatura, utilização de

gradientes de temperatura de endurecimento inaceitavelmente baixos e utilização de

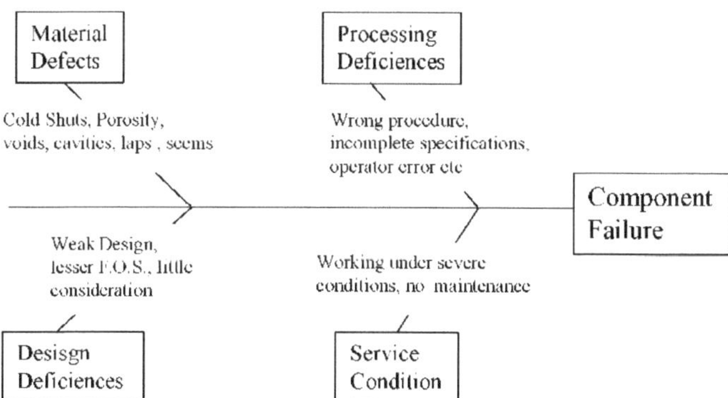

condições de têmpera, revenido, recozimento e envelhecimento inadequadas para uma liga específica.

Condições de serviço: -O funcionamento do equipamento em condições anormalmente severas de carga, temperatura e ambiente químico, ou sem manutenção, inspeção e monitorização regularmente programadas, é frequentemente um contributo importante para a ocorrência de falhas de serviço.

Os procedimentos de inspeção e monitorização podem ser de pouco ou nenhum valor, a menos que se baseiem numa análise minuciosa dos vários mecanismos de falha que podem ser possíveis para a peça em questão. Tais procedimentos devem ser capazes de detetar uma deterioração significativa durante as operações normais de inspeção e manutenção a intervalos regulares [6].

1.1.4 ANÁLISE DE FALHAS :-

Fig1.0 Diagrama de causa e efeito

O material do componente foi verificado quanto aos defeitos acima referidos, não tendo sido encontrados quaisquer defeitos. Além disso, os relatórios de falhas revelaram que o componente estava a falhar numa secção específica, pelo que havia poucas ou nenhumas probabilidades de falha do componente devido a defeitos do material. Além disso, o processo de transformação foi cuidadosamente examinado e considerado correto. O processamento é efectuado por mão de obra bem treinada, pelo que negligenciámos as hipóteses de erro humano. Mais 10

se se assumir que o trator trabalha sob cargas severas e que não há necessidade de manutenção do componente, o fator "condição de serviço" não pode ser responsável pela falha do componente. Assim, o fator responsável pela avaria do componente poderia ser a "eficiência de projeto". Além disso, os relatórios de avarias indicavam que o componente estava a falhar numa secção específica, o que também era uma indicação de uma conceção fraca ou inadequada. Assim, finalmente, o projeto do componente foi analisado quanto às tensões produzidas.

1.1.4 MÉTODO UTILIZADO PARA A ANÁLISE

A análise do componente é efectuada através de técnicas de análise de falhas. Existem muitas técnicas para efetuar a análise, mas a análise de elementos finitos é a técnica de engenharia mais frequentemente utilizada.

Análise de elementos finitos: a análise de elementos finitos é a técnica de análise mais importante nos dias de hoje. A modelação e a análise de elementos finitos são duas das aplicações mais populares em engenharia mecânica oferecidas pelos actuais sistemas CAD/CAM. Isto deve-se ao facto de o método dos elementos finitos ser talvez a técnica mecânica mais popular para resolver problemas de engenharia.

ANSYS 5.4

O ANSYS 5.4 é o software utilizado para efetuar a análise. Neste software, geramos o modelo do componente ou importamo-lo de outro software CAD no formato IGES (interactive Graphics Exchange Specifications). Em seguida, o componente é analisado. Os principais passos envolvidos no Ansys

1 Pré-processador geral

- Definição do tipo de análise

- Propriedades dos materiais

- Tipo de elemento

- Geometria da estrutura cargas e condições de fronteira

2 Soluções

Análise para obter a solução

3 Pós-processador geral

Visualização gráfica de deslocamentos e tensões para uma interpretação rápida e fácil classificação e impressão de resultados para otimização.

1.2 ESTUDO DA LITERATURA

1.2.1 FALHA:

Considera-se que uma peça ou conjunto falhou numa de três condições: -

- Quando se torna completamente inoperacional.
- Quando ainda está operacional, mas já não é capaz de desempenhar satisfatoriamente a função a que se destina.
- Quando uma deterioração grave o tiver tornado não fiável ou inseguro para continuar a ser utilizado, exigindo assim a sua retirada imediata de serviço para reparação ou substituição^].

O insucesso pode ensinar aos estudantes que os erros de ontem podem conduzir às soluções de hoje e à inovação de amanhã. Pode oferecer-lhes uma nova opção de carreira e introduzir-lhes a ética e a responsabilidade profissional.

"O fracasso é um tema unificador da engenharia", afirma Petroski. No entanto, os currículos de engenharia centram-se frequentemente em projectos bem sucedidos e negligenciam os mal sucedidos, mas existem alguns aspectos positivos do fracasso. Aprender com os erros e ultrapassar obstáculos imprevistos conduz frequentemente a produtos ou processos melhorados. Além disso, a capacidade de reconhecer outras aplicações para experiências falhadas desempenha um papel importante no desenvolvimento de produtos.

A falha de um material de engenharia é um acontecimento indesejável. Causa muitos problemas, tais como perdas económicas, perdas de tempo, etc. O estudo do mecanismo de falha é importante porque pode revelar fraquezas em qualquer ponto do produto. A análise da falha recorrente do componente é um pouco mais fácil de realizar do que a ocasional. Em geral, existem muitas causas físicas que, individual ou coletivamente, podem ser responsáveis pelas falhas dos componentes. A metodologia para isolar as causas de falha ainda não está totalmente estabelecida e é necessário ter em conta matematicamente todas elas. Assim, a escolha da distribuição de falhas aplicável é ainda uma arte. A falha de materiais é frequentemente acelerada como resultado da atuação simultânea de dois ou mais mecanismos[7].

1.2.2 MODOS DE FALHA

O modo básico de falha é a falha mecânica. A falha mecânica inclui o seguinte: -

- Falha dúctil.
- Falha frágil.

Falha dúctil

A fratura por sobrecarga de muitos metais e ligas ocorre por falha dúctil. A sobrecarga em tensão é talvez a menos complexa das fracturas por sobrecarga, embora essencialmente os mesmos processos operem em flexão e torção, bem como sob o complexo estado de tensão que pode ter produzido uma determinada falha de serviço. Classicamente, a rotura por tração dúctil de um espécime cilíndrico envolve uma extensão plástica, inicialmente sem necking. Durante esta extensão, ocorre a fissuração das partículas incluídas, que estão presentes mesmo nos metais mais puros, ou a decoesão da interface da matriz de partículas, criando micro-vazios. Quando a capacidade de endurecimento do material se esgota, inicia-se o estrangulamento e são criadas tensões triaxiais que provocam a extensão lateral dos micro-vazios, que coalescem para formar uma fenda. A rutura da secção restante para produzir um anel de rutura oblíqua, muitas vezes incorretamente designada por cisalhamento, é menos bem compreendida, mas provavelmente ocorre por uma fenda que cresce circunferencialmente à volta da amostra sob a condição de tensão plana. A ausência total de partículas de segunda fase resultaria em rotura por redução de 100% da área, mas isto está a ocorrer em rotura de serviço[6].

Tipos de falhas dúcteis: -

- Fratura do copo e do cone.

- Covinhas.
- Superfícies baças.
- Inclusão na parte inferior da covinha.

Rotura frágil: -A clivagem transgranular do ferro e do aço de baixo carbono é o processo de rotura frágil mais comum - tão comum, de facto, que o termo rotura frágil é por vezes mal interpretado como significando apenas a clivagem transgranular do ferro e do aço de baixo carbono. A clivagem transgranular ocorre em vários outros metais cúbicos de corpo centrado e nas suas ligas, bem como em alguns metais hexagonais de empacotamento fechado, mas os metais cúbicos de face centrada e as ligas são geralmente considerados imunes a este mecanismo de rotura. O ferro e o aço com baixo teor de carbono apresentam uma transição dúctil para frágil com a diminuição da temperatura, que resulta de uma forte dependência da tensão de cedência em relação à temperatura[6].

1.2.3 OBSERVAÇÃO DE FALHAS

A principal vantagem da acumulação de dados sobre falhas é que podem ser utilizados para prever ou calcular a garantia de desempenho e fiabilidade do sistema quando este é operado em condições em que existem dados. Por conseguinte, é necessário manter a exatidão dos dados.
A razão pela qual se acumulam dados sobre falhas é o aumento da fiabilidade da produção. Cada produto passa por várias fases, desde a especificação inicial até ao desenvolvimento do projeto, passando pela produção e pela utilização operacional final. Os dados disponíveis devem servir para que o metalúrgico, o cientista de materiais, o engenheiro de conceção ou o engenheiro de qualidade disponham de um historial completo das falhas do produto, de modo a poderem tomar as medidas correctivas desejadas, redesenhar o componente, especificar a alteração do material ou do tratamento térmico, etc. Se necessário, as falhas mais graves só são comunicadas à unidade-mãe em caso de falha total do componente. Para a adoção de medidas de prevenção, continua a ser necessário conhecer a tendência da falha. Assim, a falha induzida com testes de conceção tornou-se parte dos programas modernos de análise de falhas. A análise de avarias de serviço permite obter muitas informações valiosas e as soluções podem ser transmitidas ao sistema de fabrico, não

só para reduzir a sua recorrência, mas também para reduzir os custos de manutenção e as taxas de avaria.

1.2.4 ANÁLISE DE FALHAS

O esforço de análise de falhas é normalmente maior durante o início da vida do componente, devido às actividades de teste e depuração associadas a esse período. A análise de falhas é importante, quer se trate de uma pequena falha de manutenção ou de uma grande falha de manutenção, qualquer pessoa pode aprender através da análise dos erros. Podemos imaginar equipas profissionais de críquete que utilizam uma câmara para melhorar o seu desempenho.

Uma investigação de análise de falhas é idêntica ao trabalho dos detectives; ao longo da investigação, são descobertas pistas importantes que permitem saber o que pode ter causado a falha e quais os factores que podem ter contribuído para a mesma. Tal como acontece com qualquer bom detetive, o analista de falhas deve ter um conhecimento diversificado e completo de todos os aspectos da investigação. O analista deve conhecer as propriedades dos materiais em falha, as propriedades físicas e possuir um conhecimento da conceção da estrutura e do comportamento das tensões para realizar estas importantes análises. A análise de falhas também deve ter um procedimento ou precisamente um método de avaliação quando ocorre uma falha.

1.2.5 PROGRAMA DE ANÁLISE DE FALHAS

A análise de falhas é um exame de diagnóstico de um produto para uma melhor compreensão dos modos de falha. Para interpretar uma falha com precisão, o analista tem de reunir todos os factos pertinentes e depois decidir o que os causou. Para ser coerente, o analista deve desenvolver um percurso lógico que garanta que as características críticas não serão ignoradas. Devem ser dados os seguintes passos.

Decidir o que fazer: - Até que ponto é necessária uma análise pormenorizada antes de começar; tentar decidir até que ponto a análise é importante. Se a falha for relativamente insignificante, em termos de custos e inconvenientes, merece uma análise superficial; os passos mais pormenorizados podem ser ignorados. Mas a estratégia aumenta a probabilidade de erro. Algumas falhas merecem uma análise de 20 minutos com uma probabilidade de 80% de estarem correctas, mas as falhas críticas requerem uma verdadeira análise da causa raiz da falha, na qual nenhuma pergunta fica sem resposta. A análise da causa raiz pode exigir centenas de horas-homem, mas garante respostas exactas.

Descobrir o que aconteceu: - O passo mais importante para resolver a falha da fábrica é procurar respostas logo após o sucedido e falar com as pessoas envolvidas. Peça-lhes a sua opinião, pois são elas que conhecem melhor do que ninguém as ocorrências diárias nos seus locais de trabalho e nas suas máquinas. Faça perguntas e tente obter comentários na primeira pessoa. Não se vá embora enquanto não tiver uma boa compreensão do que aconteceu exatamente e da sequência de acontecimentos que conduziram a essa situação.

Fazer uma investigação preliminar: - No local, examinar as peças partidas, procurando pistas. Não as limpe ainda, porque a limpeza pode eliminar informações vitais. Documentar com exatidão o estado das peças avariadas e tirar fotografias de vários ângulos, tanto das peças avariadas como do ambiente circundante.

Recolha de dados de base: - Qual é a conceção original e as condições de funcionamento actuais? Enquanto ainda estiver no local, determinar as condições de funcionamento, tempo, temperatura, tensão, carga, humidade, pressão, lubrificantes, materiais, produtores operacionais, turnos, vibrações, etc. Comparar a diferença entre as condições reais de funcionamento e as condições de projeto. Observar tudo o que afecta o funcionamento da máquina.

Determinar o que falhou: - Depois de deixar o local, analisar as provas iniciais e decidir o que falhou primeiro - a falha primária - e que falhas secundárias resultaram dessa falha. Por vezes, estas decisões são muito difíceis devido à dimensão da análise que é necessária. Descobrir o que mudou. Comparar as condições de funcionamento actuais com as do passado, se o equipamento circundante foi alterado ou revisto.

Examinar e analisar a falha primária: - Limpar o componente e observá-lo com uma ampliação de baixa potência. Qual é o aspeto da face da falha? A partir da face da falha, determinar as forças que actuaram sobre a peça. As condições eram consistentes com o projeto e com o funcionamento real? Existem outras fissuras ou sinais suspeitos na área da falha? As superfícies importantes devem ser fotografadas e preservadas para referência.

Caracterizar a peça avariada e o material de suporte: - Realizar testes de dureza, testes de penetração de corantes e exames ultra-sónicos, etc. Examinar a peça avariada e os componentes à sua volta para perceber o que são. Verificar se o resultado está de acordo com as condições de projeto.

Realizar uma análise química e metalúrgica pormenorizada: - Técnicas químicas e metalúrgicas sofisticadas podem revelar pistas sobre as fragilidades do material em relação a quantidades mínimas de produtos químicos que podem causar fracturas invulgares.

Determinar as causas profundas: - Perguntar sempre: "Porque é que a falha ocorreu em primeiro lugar?" Esta pergunta conduz aos factores humanos e ao sistema de gestão.

O primeiro sistema na realização de uma análise de falhas é obter uma boa compreensão das condições em que a peça estava a funcionar.

A segunda etapa consiste em realizar um exame visual, catalogando e registando as provas físicas ao mesmo tempo. Isto tem a função de familiarizar os investigadores com as provas.

Criar um registo permanente que possa ser consultado à luz de novas informações. As amostras devem ser examinadas, fotografadas e desenhadas, tendo o cuidado especial de identificar e registar qualquer área de particular importância, como fracturas, superfícies e defeitos superficiais.

O exame visual pode ser auxiliado pela utilização de um estereomicroscópio com luzes que podem ser facilmente direccionadas. As sombras podem dar profundidade a uma superfície, facilitando a análise da fotografia. As peças devem ser sempre examinadas e registadas antes de se proceder à limpeza da superfície.

1.2.6 PROCEDIMENTO DE ANÁLISE DE FALHAS

- Estabelecer o objetivo da análise de falhas.
- Desenvolver técnicas de análise de falhas.
- Montar o requisito de análise de falhas
- Efetuar análises de falhas.
- Documentar os resultados da análise de falhas.
- Rever os esforços de análise de falhas.
- Montar o requisito de análise de falhas.

Estabelecer o objetivo da análise de avarias: -O objetivo principal da análise de avarias deve ser definido em termos de diagnóstico que conduza à correção do desvio em relação ao comportamento nominal em serviço de um produto de conceção comprovada

Técnica de análise de falhas de desenvolvimento: -O método **de procedimento** deve ser formulado e exemplificado nas etapas mencionadas para especificar e estabelecer de forma decisiva os pontos fracos do produto, (tais como seleção e aplicação inadequadas de materiais, processo de fabrico de conceção de peças. Parâmetros de processamento como tratamento térmico, operação de acabamento, **etc.**

Requisito de análise de falhas de montagem: -Testar o procedimento de funcionamento ou manutenção, que especifica a utilização prevista, o stress e os ambientes a que o produto está sujeito.

Analisar o historial do produto, fornecendo informações sobre a sua conceção, fabrico, metalurgia, tratamento do processo e instalação.

Reiterar os resultados de análises anteriores sobre produtos relacionados ou similares.

Rever o desenho, o material e outras especificações, que descrevem os aspectos estruturais, metalúrgicos e organizacionais fundamentais dos produtos.

Rever o diagnóstico. Material, equipamento, etc.

Rever a lista de verificação dos formulários, o manual de análise e as instruções gerais para a realização de relatórios de análise de avarias
Técnica de revisão e metalúrgico que são treinados e qualificados no procedimento da análise de falha destrutiva.

Conduzir a análise de falhas: -O resultado da análise de falhas é geralmente uma lista de discrepâncias, que requerem mais investigação para estabelecer as causas e o mecanismo da falha. É elaborado um resumo das possíveis causas da falha.

Documentar os resultados das análises de avarias: -As conclusões finais de cada análise de avarias devem ser documentadas e colocadas num ficheiro numerado de série para facilitar o processamento e a recuperação. Registos precisos e relatórios significativos são uma parte fundamental de qualquer programa de contrato de falhas.
Rever o esforço de análise de falhas: -o relatório do grupo de análise de falhas deve ser analisado de forma sistemática para determinar a sua eficácia

1.2.7 ESTUDO PRÉVIO DA TÉCNICA DE ANÁLISE DE FALHAS

Vários investigadores realizaram, de tempos a tempos, trabalhos analíticos no domínio da análise de falhas, a fiabilidade melhora o desenvolvimento de técnicas, ferramentas e modelos para tentar aumentar a fiabilidade. Um breve historial é: -

- Loo, Francis T.C., em 1981, apresentou 30 comunicações, que cobriam uma área bastante vasta em matéria de fiabilidade, análise de tensões e métodos de prevenção de falhas. Os títulos das sessões da conferência incluíam[8]
  - Mecânica da fratura e fator de conceção.
  - Análise de tensões e falhas.
  - Prevenção de falhas e fiabilidade.
  - Estudos de casos seleccionados.
  - Técnica de prevenção e avaliação de falhas.
- Martin, em 1982, examinou teoricamente os efeitos sobre o valor da fiabilidade do sistema sintetizado de um número de diferentes hipóteses relacionadas com a falha de componentes, normalmente devido a erros de valor humano. Também sugerem uma nova abordagem para a educação e a formação com vista à prevenção de falhas e a produtos mais bem concebidos[9].

- Walf, em 1976, ilustrou com vários exemplos os métodos para saber duas coisas: quanto tempo funcionou o dispositivo antes de falhar e como falhou[10].
- Redlers, em 1972, sugere fiabilidade e facilidade de manutenção para os veículos[11].

1.2.8 TRABALHOS ANTERIORES EFECTUADOS EM ÁREAS DE PROBLEMAS DEFINIDOS

Puneet Katyal [12] apresentou um trabalho sobre a análise de tensões da caixa do laminador. O problema da falha da carcaça do laminador foi resolvido de forma eficiente utilizando CAE (engenharia assistida por computador). O trabalho envolveu a otimização do desenho da carcaça do laminador para obter rigidez, controlar a deflexão da carcaça para um melhor controlo da bitola do material a ser laminado. A distribuição das tensões na carcaça foi analisada utilizando o software de análise CATIA, a partir do qual foram calculadas as tensões estáticas máximas nas zonas críticas. O comportamento estrutural da carcaça sob as condições de carga e de fronteira dadas, utilizando um modelo analítico, é muito difícil. Por conseguinte, foi escolhido um modelo sólido 3D para prever o pormenor da resposta às tensões e deformações.

Yogesh M. Wadhonkar [13] apresentou um trabalho sobre a análise estrutural da carroçaria de um autocarro.
O objetivo deste projeto foi analisar a resposta estrutural da carroçaria de um autocarro em condições de carga estática, dinâmica e de impacto. Para efetuar esta análise, foi aplicado o método dos elementos finitos e utilizado o ANSYS 5.4 (ferramenta FEM). O modelo de elementos finitos foi construído a partir dos dados estruturais e dos desenhos fornecidos pela DELHI TRANSPORT CORPORATION (DTC) no ANSYS. O projeto determinou a resposta estrutural nas condições acima referidas, avaliando a deflexão máxima e o padrão de tensões. Os resultados foram apresentados sob a forma de gráficos e tabelas de dados, juntamente com o modelo tridimensional da carroçaria do autocarro.

Y. Yao [14] trabalhou na Análise de Elementos Finitos do Processo de Crimpagem do Componente Pistão-Borboleta em Bombas Hidráulicas. O componente pistão-slipper é uma das partes críticas de uma bomba hidráulica. É utilizado um processo de cravação para ligar o pistão ao componente do deslizador. Como a maioria dos processos de fabrico que envolvem grandes deformações, durante o processo de engaste são criadas tensões elevadas no pistão e no pistão. Este artigo apresenta um método de elementos finitos para a análise das tensões, deformações e forças associadas ao processo de engaste. Este método pode ser utilizado na otimização do design do pistão, do deslizador e da matriz. O pacote comercial de elementos finitos ANSYS foi utilizado para simular o processo de engaste.
Aman Garg [15] apresentou um trabalho sobre a análise das tensões em engrenagens. As engrenagens geralmente falham quando a tensão no dente excede o limite de segurança. Por

conseguinte, é essencial determinar a tensão máxima a que um dente de engrenagem está sujeito, sob uma carga específica. Assim, neste trabalho, foi efectuada uma análise das engrenagens para evitar que estas falhem. Foi utilizado um pacote de software informático (Pro/E) para a análise das tensões de um dente de engrenagem.

Praneet Gupta [16] efectuou um trabalho sobre a análise das tensões térmicas no invólucro interior da LP da turbina a vapor. As tensões e deformações térmicas representam uma grande preocupação no projeto de componentes estruturais de turbinas a vapor, tais como invólucros e rotores. Torna-se, portanto, necessário estabelecer planos de arranque adequados e analisar o comportamento térmico da turbina. Neste trabalho é identificada uma abordagem para a determinação das tensões térmicas no invólucro interior da LP da turbina a vapor.

1.3 OBJECTIVOS DA ANÁLISE DE FALHAS

- Prevenção de incidentes de avaria.
- Garantia de segurança e fiabilidade.
- Previsão da vida útil.
- Investigação e desenvolvimento
- Para aumentar a qualidade do produto.

1.4 ORGANIZAÇÃO

No capítulo seguinte, discutimos a introdução à análise de elementos finitos, "Qual a utilidade da análise de elementos finitos?", "Os componentes básicos do MEF", "Uma introdução ao ANSYS5.4". No capítulo 3rd é apresentado um programa experimental para a análise de um componente. No capítulo 4th são apresentados os resultados.

Capítulo 2

ANÁLISE DE ELEMENTOS FINITOS

2.1 INTRODUÇÃO

O método dos elementos finitos é uma técnica de análise numérica que permite obter soluções aproximadas para uma série de problemas de engenharia. O método teve origem na indústria aeroespacial como ferramenta para estudar as tensões em estruturas complexas de estruturas aéreas. Foi desenvolvido a partir do chamado método de análise matricial utilizado na conceção de aeronaves. O método ganhou uma popularidade crescente entre os investigadores e os profissionais. Há alguns anos, a Boeing lançou alguns episódios televisivos sobre o desenvolvimento do seu avião 777. Esses episódios eram fascinantes. Incluíam um ensaio destrutivo de um protótipo de asa. A asa foi carregada num equipamento de ensaio de forma a simular a aplicação de uma forte pressão aerodinâmica durante o voo. A asa foi especificada para cumprir uma carga de 150% da carga de projeto. A carga de projeto era a carga g máxima que a aeronave podia suportar. No ensaio, a asa falhou a 153%. Uma vez que existe uma grande penalização em termos de peso na conceção da aeronave, seria indesejável um excesso de conceção significativo. O resultado deste teste foi uma realização fantástica, um exemplo da FEA no seu melhor.

O que é a Análise de Elementos Finitos?

A Análise de Elementos Finitos (FEA) é uma técnica numérica baseada em computador para calcular a resistência e o comportamento de estruturas de engenharia. Pode ser utilizada para calcular a deflexão, a tensão, a vibração, o comportamento de encurvadura e muitos outros fenómenos. Pode ser utilizada para analisar a deflexão em pequena ou grande escala sob carga ou deslocamento aplicado. Pode analisar a deformação elástica ou a deformação plástica "permanentemente deformada". O computador é necessário devido ao número astronómico de cálculos necessários para analisar uma estrutura de grandes dimensões. A potência e o baixo custo dos computadores modernos tornaram a Análise por Elementos Finitos acessível a muitas disciplinas e empresas.

No método dos elementos finitos, uma estrutura é dividida em muitos pequenos blocos ou elementos simples. O comportamento de um elemento individual pode ser descrito com um conjunto de equações relativamente simples. Tal como o conjunto de elementos seria unido para construir a estrutura completa, as equações que descrevem os comportamentos dos elementos individuais são unidas num conjunto extremamente grande de equações que descrevem o comportamento de toda a estrutura. O computador pode resolver este grande conjunto de equações simultâneas. A partir da solução, o computador extrai o comportamento dos elementos individuais. A partir daí, pode obter a tensão e a deflexão de todas as partes da estrutura. As tensões serão comparadas com os valores de tensão permitidos para os materiais a utilizar, para verificar se a estrutura é suficientemente forte.

O termo "elemento finito" distingue a técnica da utilização de "elementos diferenciais" infinitesimais utilizados em cálculo, equações diferenciais e equações diferenciais parciais. O método também se distingue das equações de diferenças finitas, para as quais, embora os passos em que o espaço é dividido sejam finitos em tamanho, há pouca liberdade nas formas que os passos discretos podem assumir. A análise de elementos finitos é uma forma de lidar com estruturas que são mais complexas do que as que podem ser tratadas analiticamente utilizando equações diferenciais parciais. A FEA lida com fronteiras complexas melhor do que as equações de diferenças finitas e dá respostas a problemas estruturais do "mundo real".

Qual a utilidade da análise de elementos finitos?

A análise de elementos finitos permite avaliar uma estrutura detalhada e complexa, num computador, durante o planeamento da estrutura. A demonstração no computador da resistência adequada da estrutura e a possibilidade de melhorar o projeto durante o planeamento podem justificar o custo deste trabalho de análise. Sabe-se também que a FEA aumentou a classificação de estruturas que foram significativamente sobreprojectadas e construídas há muitas décadas.

Na ausência de uma análise de elementos finitos (ou outra análise numérica), o desenvolvimento de estruturas deve basear-se apenas em cálculos manuais. No caso de estruturas complexas, os pressupostos simplificadores necessários para tornar possíveis quaisquer cálculos podem conduzir a um projeto conservador e pesado. Pode subsistir um considerável fator de ignorância quanto à adequação da estrutura a todas as cargas de projeto. Alterações significativas nos projectos envolvem riscos. Os projectos exigem a construção de protótipos e a realização de ensaios no terreno. Os ensaios de campo podem envolver extensómetros dispendiosos para avaliar a resistência e a deformação.

Com a Análise de Elementos Finitos, o peso de um projeto pode ser minimizado e pode haver uma redução no número de protótipos construídos. Os ensaios de campo serão utilizados para estabelecer as cargas nas estruturas, que podem ser utilizadas para melhorar o projeto no futuro através da análise de elementos finitos.

Os componentes básicos do MEF

A caraterística mais distintiva do MEF que o separa de outros métodos é a divisão do domínio dado em subdomínios chamados elementos finitos. O método é apoiado por outra caraterística muito boa de procurar uma aproximação contínua da solução em cada elemento e a montagem de equações de elementos, impondo a continuidade inter-elementos das soluções. As ideias básicas subjacentes ao método dos elementos finitos são apresentadas nas etapas seguintes.

1. ***Discretização ou Idealização do Domínio***:- O domínio é representado como uma coleção de um número finito n de subdomínios, o que se designa por discretização do domínio. Cada subdomínio é chamado de elemento e o conjunto de elementos é chamado de malha de elementos finitos. Os elementos estão ligados em pontos chamados nós.
2. ***Selecionar a função de interpolação adequada para cada elemento***:- Neste método, as funções de aproximação são frequentemente consideradas como polinómios algébricos e os parâmetros indeterminados representam os valores da solução num número finito de pontos chamados nós. As funções de aproximação são derivadas utilizando conceitos da teoria da interpolação e são, por isso, designadas por função de interpolação.
3. ***Derivar matrizes de características de elementos***:- Um elemento típico é isolado e as suas propriedades necessárias são calculadas por alguns meios aproximados e são representadas sob a forma de matriz. Por exemplo

$$\{F\}=[k]\{d\}$$

em que {F} ^ Vetor de carga

[k]=AE/l ^ matriz de rigidez

A ^Área do elemento, E ^Modulo de Young e l ^ comprimento do elemento.

{d} ^ o vetor de deslocamento.

A equação acima é chamada de equação de elemento.

4. ***Montagem da equação do elemento e solução***:-O valor aproximado do domínio é obtido juntando as propriedades do elemento de forma significativa. As equações montadas são resolvidas para as condições de fronteira dadas para obter a solução necessária e obter os resultados desejados.
5. ***Convergência e estimativa de erro***:- Podemos estimar o erro na aproximação e mostrar que a solução aproximada converge para a solução exacta no limite quando n ^

À medida que o número de elementos aumenta, a aproximação melhora, ou seja, o erro na aproximação diminui. Assim, a precisão da solução melhora, enquanto a convergência se refere à precisão à medida que o número de elementos na malha aumenta[1].

O que é necessário para fazer a análise de elementos finitos?

A Análise de Elementos Finitos é efectuada principalmente com software adquirido comercialmente. Estes programas de software comercial podem custar entre 1.000 e 50.000 dólares ou mais. O software mais caro apresenta capacidades alargadas - deformação plástica e trabalho especializado, como a conformação de metais ou a análise de colisões e impactos. Os pacotes de elementos finitos podem incluir pré-processadores que podem ser utilizados para criar a geometria da estrutura ou para a importar de ficheiros CAD gerados por outro software. O software de elementos finitos inclui módulos para criar a malha do elemento, para analisar o problema definido e para rever os resultados da análise. Os resultados podem ser impressos e representados em gráficos, tais como mapas de contorno de tensões, gráficos de deflexão e gráficos de parâmetros de saída.

A escolha de um computador baseia-se principalmente no tipo de estrutura a analisar, no detalhe exigido pelo modelo, no tipo de análise (por exemplo, linear ou não linear), na economia do valor de uma análise atempada e no salário e despesas gerais do analista. Uma análise pode demorar minutos, horas ou dias. Modelos extremamente complexos serão executados em supercomputadores. Normalmente, "Mais rápido e maior é melhor!" se o pudermos pagar - isto pode ser chamado "O teorema fundamental da análise de elementos finitos". As pessoas que analisam estruturas de grandes dimensões, ou que executam modelos não lineares, dir-lhe-ão que nunca conseguirá obter uma máquina tão rápida como gostaria - esperemos que o bom senso comercial prevaleça. Muitas coisas podem ser analisadas em pormenor em computadores que custam entre 2.000 e 20.000 dólares. Preveja um monitor grande, uma placa gráfica rápida, um disco rígido grande, uma memória grande, um ou mais processadores rápidos e uma impressora adequada - é preferível usar impressoras mais rápidas. A cor é geralmente desejável, embora possa por vezes viver sem ela, fazendo gráficos em escala de cinzentos em que a paleta para mapas de contorno foi alterada para uma escala de cinzentos progressiva. Os preços mais elevados permitirão considerar computadores com mais memória, discos rígidos maiores e um ou mais processadores de alta velocidade. Dependendo da complexidade das estruturas a serem estudadas e do volume de fabrico, a despesa com hardware de FEA pode ser pequena em comparação com as poupanças de peso e custo de construção que podem resultar de melhorias de design e velocidade de análise. A despesa pode ser *muito* pequena em comparação com o custo de uma falha. O problema é que, quando não há falha, como é que se "prova" que o investimento foi justificado? É útil que os quadros superiores confiem no pessoal de engenharia e estejam, pelo menos, um pouco familiarizados com a natureza do seu trabalho.

A formação de um analista de elementos finitos inclui uma compreensão da mecânica de engenharia (resistência dos materiais e mecânica dos sólidos), bem como os fundamentos da teoria subjacente ao método dos elementos finitos. O analista deve compreender os princípios básicos dos métodos numéricos. Um diploma de engenharia é típico, embora não seja um requisito absoluto. A utilização de um determinado programa de elementos finitos requer familiaridade com a interface do programa, de modo a criar e carregar os modelos e a rever os resultados. Para fazer bem o trabalho, é necessário ter experiência, compreensão das estruturas e da sua análise clássica (analítica manual), compreensão de uma variedade de questões de modelação de elementos finitos (ver ligação abaixo) e uma apreciação do domínio especializado em que o trabalho de projeto está a ser realizado.

2.2 TIPOS DE ANÁLISE DE ESTRUTURAS

As estruturas podem ser analisadas para pequenas deformações e propriedades elásticas do material (análise linear), pequenas deformações e propriedades plásticas do material (não linearidade do material), grandes deformações e propriedades elásticas do material (não linearidade geométrica) e para grandes deformações e propriedades plásticas do material em simultâneo.

Por propriedades plásticas do material, entende-se que a estrutura é deformada para além do limite de elasticidade do material e que a estrutura não regressa à sua forma inicial quando as cargas aplicadas são removidas. A quantidade de deformação permanente pode ser ligeira e inconsequente, ou substancial e desastrosa. Na moldagem de metais, a deformação é substancial e intencional (considere-se a moldagem de um para-choques de um automóvel). Nalgumas estruturas, o "shakedown", que produz tensões residuais devido à deformação permanente local, pode, nalgumas circunstâncias, reduzir os problemas de fadiga em zonas que, consequentemente, permanecerão sob tensão de compressão. Um exemplo é o ensaio de pressão hidrostática num vaso de pressão de aço novo, tratado termicamente após a soldadura (as opiniões sobre este assunto podem variar). Neste ensaio, a pressão pode ser levada a 1,5 vezes a pressão de projeto. A cedência local significa que algumas zonas estarão normalmente sob tensão de compressão durante a utilização convencional do recipiente sob pressão e poderão ser menos propensas ao desenvolvimento de fissuras por fadiga.

Por grande deflexão, queremos dizer que a forma da estrutura se alterou o suficiente para que a relação entre a carga aplicada e a deflexão deixe de ser uma relação linear simples. Isto significa que duplicar a carga não duplicará a deformação. As propriedades do material ainda podem ser elásticas.

Para além de analisar as estruturas quanto às suas tensões e deflexões, outras análises típicas são uma avaliação da frequência natural de vibração e o cálculo das cargas de encurvadura. O comportamento de vibração em estado estacionário, transiente e aleatório também pode ser analisado.

As cargas em estruturas podem ser representadas utilizando a força da gravidade sobre a massa da estrutura, aplicando pressão distribuída sobre as superfícies da estrutura, ou aplicando forças diretamente a posições na estrutura. A carga centrífuga pode ser introduzida indicando o eixo para o movimento e a taxa de rotação. Os deslocamentos da estrutura podem ser especificados em posições da estrutura. Isto pode incluir condições de fronteira que implicam estruturas simétricas onde apenas uma parte da estrutura é modelada. Outras condições de fronteira indicarão onde a estrutura é apoiada contra o movimento, pelo mundo exterior. A distribuição de temperatura que causa expansão térmica e tensão pode ser aplicada diretamente aos nós ou aos elementos com comandos apropriados. Temperaturas uniformes e temperaturas de referência também podem ser aplicadas a modelos completos.

2.3 UMA INTRODUÇÃO AO ANSYS 5.4

A caraterística mais bonita do MEF é o facto de o método ser passível de programação informática sistemática, oferecendo assim um âmbito de aplicação a uma vasta gama de problemas de análise. Os rápidos avanços registados no hardware e software informático tornaram o MEF um produto da era dos computadores. A ASKA precisou de vários anos para desenvolver um software de análise de elementos finitos de uso geral com capacidade de processamento e facilidade para o utilizador. De seguida, apresentam-se os nomes de alguns pacotes populares: ABAQUS, ADINA, ANSYS, ASKA, COSMOS, GT-STRUDL, NASTRAN, NISA, PAFEC, SAP, SESAM-80, FEAST, Pro/Mechanica

Neste projeto, ANSYS 5.4 será utilizado como software de análise de elementos finitos. As principais características oferecidas por este software e uma visão geral das capacidades do produto são enumeradas a seguir:

1. Biblioteca de elementos:- A biblioteca de elementos deste pacote permite ao utilizador idealizar o sistema e obter um modelo de elementos finitos tão realista quanto possível. A biblioteca de elementos inclui elementos estruturais, tais como barras 3D, vigas, tensão plana e membranas no espaço, sólidos axissimétricos, painéis de cisalhamento, placas, cascas finas e grossas, cascas de revolução, sólidos 3-D e elementos de tubo. Outros efeitos, que podem ser modelados, incluem folgas, fricção, amortecedores viscosos e cabos.
2. Capacidades de análise e gama de aplicações
    - Análise estática linear
    - Análise estática não linear:- Material não linear, geometria, grandes deformações, reforço de

tensões, plasticidade, fluência, hiper plasticidade e comportamento de material semelhante à borracha, propriedades inelásticas dependentes da temperatura, em problemas de contacto linear.

- Análise dinâmica: - Vibrações livres de valor próprio, dinâmica transiente linear e análise de espetro devido a cargas sísmicas.
- Análise dinâmica não linear:- Efeitos não lineares materiais e geométricos, integração direta e diferentes abordagens incrementais.
- Resposta harmónica:- Resposta em estado estacionário de uma estrutura linear sujeita a cargas que variam harmonicamente no tempo.
- Análise de estabilidade: - Cálculo de cargas críticas, pontos de bifurcação, formas de encurvadura, análise de grandes deformações para determinar a carga limite de rotura por bifurcação ou encurvadura por encaixe.
- Transferência de calor:- Distribuição de temperatura e fluxo de calor num corpo, análise linear e não linear para propriedades de materiais dependentes da temperatura e condições de fronteira de convecção de temperatura, análise de transferência de calor transiente para distribuição de temperatura dependente do tempo.
- Análise de campo acoplado:- Solução simultânea da interação de múltiplos efeitos de campo, tais como deslocamentos estruturais, temperatura e fluxos de calor, interacções de fluxo sólido e fluido.

3. Tipos de carga:-Opção para análise do sistema devido a vários tipos de carga, tais como cargas concentradas, cargas de linha, cargas axissimétricas, cargas de gravidade, cargas de superfície e de volume, tensões iniciais, deformações e velocidades, carga térmica, carga centrífuga, carga dependente da deformação, carga aleatória, carga de contacto.
4. Condições de fronteira e restrições:-Interfaces deslizantes, deslocamentos prescritos, apoio nos pontos de contacto, fundação elástica, restrições multiponto.
5. Propriedades e modelos dos materiais:- As propriedades dos materiais podem ser dependentes da temperatura, isotrópicas, ortotrópicas ou compósitos isotrópicos e multicamadas. Comportamento não linear dos materiais, como plasticidade, fluência, endurecimento por deformação elástica, viscoelástico ou plástico.
6. Pré e Pós-processamento:- ANSYS oferece extensas facilidades de pré e pós-processamento (descritas em secções posteriores).
7. Interfaces com sistemas CAD/CAM:- Interfaces com modeladores de sólidos e programas CAD disponíveis para formar um sistema CAD integrado.
8. Otimização do projeto:- ANSYS oferece capacidades sofisticadas para um projeto estrutural optimizado, incluindo a minimização do volume de material e massa para uma geometria fixa, alterando a espessura e as dimensões da secção transversal, a otimização das formas estruturais e a otimização de parâmetros como a área, o momento de inércia, a espessura, etc.

2.4 COMPONENTES BÁSICOS DO ANSYS

Os cinco passos básicos da Análise de Elementos Finitos podem ser organizados em três componentes do ANSYS: Pré-processador, Solução e Pós-processador. Estes são maioritariamente orientados graficamente. Todos estes elementos são explicados de seguida:

(a) Pré-processador: - Este componente do ANSYS ajuda na preparação dos dados de entrada, cria o modelo de elementos finitos e a entrada necessária para um programa de análise de elementos finitos. O utilizador tem uma assistência em linha através de ecrãs de ajuda, janelas/zoom, rotação do modelo, mudança de direção de visualização, redução de elementos, remoção de linhas/superfícies ocultas, etc.

(b) Solução:- Nesta componente, especificamos o tipo de análise que temos de efetuar. Uma vez que existem muitos tipos de análise, tais como estática, modal, transitória, harmónica, espetral, encurvadura por defeito e subestruturação, é necessário especificar um deles. Neste caso, o computador assume o controlo e resolve as equações simultâneas que o método dos elementos finitos gera. O programa ANSYS escreve os resultados na base de dados, bem como no ficheiro de resultados. Existem vários métodos de resolução das equações simultâneas disponíveis no programa ANSYS. O ANSYS escolhe um deles.

(c) Pós-processador: - Pós-processador significa rever os resultados da análise. É provavelmente o passo mais importante na análise, porque aqui se pode entender como as cargas aplicadas afectam o projeto, quão boa é a malha de elementos finitos e assim por diante. (ii) O pós-processador de histórico de tempo que permite rever a variação de um determinado item em pontos específicos do modelo em relação à frequência de tempo ou algum outro item de resultado. Os pós-processadores do ANSYS são apenas ferramentas para rever os resultados da análise. Os utilizadores têm de usar o seu discernimento de engenharia para interpretar os resultados

2.5 OFERTAS ANSYS

- Capacidades alargadas.
- Disponibilidade.
- Fiabilidade.
- Crescimento e desenvolvimento.
- Apoio.

Extensas capacidades: -ANSYS oferece ao engenheiro muitas ferramentas analíticas para resolver uma ampla gama de análises. Estas ferramentas incluem a escolha de tipos de análise, uma vasta biblioteca de elementos, opções não lineares e o comportamento dos materiais Tipo de análise: -

Estático: - utilizado para resolver deslocamentos, deformações, tensões e forças em estruturas sob cargas aplicadas. Estão disponíveis os comportamentos elástico, plástico, de fluência e de dilatação dos materiais. Podem ser incluídos efeitos de reforço de tensão e de grandes deformações. Podem ser utilizados elementos bilineares, tais como interfaces e cabos.

Encurvadura por valor próprio: - utilizada para calcular cargas críticas e formas de modo de encurvadura para a encurvadura por bifurcação linear com base numa análise estática prévia.

Frequência modal: - utilizada para resolver as frequências naturais e as formas modais de uma estrutura. As tensões e os deslocamentos podem ser obtidos utilizando a opção de análise de espetro com um espetro de deslocamentos, velocidades, acelerações ou forças.

Dinâmica transitória não linear: -utilizada para determinar a solução do historial temporal da resposta de uma estrutura a uma função forçadora de força, pressão e deslocamento conhecida. As matrizes de rigidez, massa e amortecimento variam com o tempo e podem ser função do deslocamento. O atrito, a plasticidade, as grandes deformações e outras não-linearidades podem ser incluídas.

Dinâmica transiente linear: - -utilizada para determinar a solução do historial temporal da resposta de uma estrutura elástica linear a uma função forçadora conhecida. Uma opção quase linear inclui interfaces com a estrutura ou com o solo.

Resposta harmónica: - Utilizado para determinar a resposta em estado estacionário de uma estrutura elástica linear a um conjunto de cargas harmónicas de frequência e amplitude conhecidas e ângulos de fase. As tensões podem ser calculadas a frequências e ângulos de fase especificados.

Transferência de calor: - utilizada para resolver a distribuição de temperatura em estado estacionário ou transiente num corpo. Podem ser incluídas a convecção por condução, a radiação e a geração interna de calor. A distribuição de temperatura calculada pode então ser utilizada como entrada para uma análise estrutural.

Subestruturas: - Usado para montar um grupo de elementos lineares em um "elemento" a ser usado em outra análise ANSYS. É vantajoso utilizar uma subestrutura para isolar a parte linear de uma estrutura numa solução iterativa

2.6 DICAS ANSYS

- **Utilizar anotações**

Apenas um título de uma linha é possível no ecrã ou gráfico ANSYS. Muito mais informação pode ser incluída em anotações no ecrã. As anotações são mantidas em todos os gráficos até que sejam apagadas com o comando: /ANNOT,DELE ou através do picking com a interface gráfica do utilizador.

Na parte superior da caixa de diálogo Anotação, existe uma caixa de listagem a partir da qual o utilizador pode escolher Texto, Linhas, etc., até Controlos. Estas selecções abrem menus diferentes. A seleção Controlos oferece uma definição SNAP que facilita muito o alinhamento do texto. Active a definição Snap e, em seguida, volte a Texto para introduzir as anotações.

- **Criar espaço para anotações**

O comando /PLOPTS controla o que vai para a legenda no lado direito (por defeito) do ecrã e do gráfico do ANSYS. Se você desativar LEG2 (a informação relativamente inútil "view"), você terá espaço extra na parte inferior da legenda. Esta área pode ser usada para anotações se o número de níveis de contorno nos gráficos de tensão não for muito grande (o padrão é bom).

- **Utilização de parâmetros em anotações:**

Assim como em um título criado com o comando /TITLE, o ANSYS permite o uso de um parâmetro em uma anotação. Ao digitar a anotação usando a GUI, inclua o parâmetro em sinais de porcentagem como este: %pname% onde pname é o nome do parâmetro. O parâmetro pode conter números ou texto. O valor do parâmetro será plotado na string de anotação. A função NINT do ANSYS pode ser usada para arredondar um número para o inteiro mais próximo, às vezes melhorando a aparência da anotação para grandes

números em que a parte fraccionária é irrelevante. Para isso, a expressão paramétrica deve ser colocada em percentagem.

- **Iniciar aplicações de 16 bits antes de iniciar o ANSYS no Windows NT**

Por experiência, algumas grandes aplicações comerciais de 16 bits não iniciam corretamente quando o ANSYS já está em execução. Se as iniciar antes de lançar o ANSYS, não haverá qualquer problema. Se tenciona trabalhar com essas aplicações de 16 bits em primeiro plano enquanto o ANSYS SOLVE está a correr em segundo plano, esta é uma dica útil. Já vi outras aplicações iniciarem muito lentamente (e.g. Internet Explorer) ou esperarem até que o ANSYS terminasse para prosseguir.

- **Execução do ANSYS com baixa prioridade no Windows NT 4.0**

No Windows NT 4.0, o nível de prioridade dos processos individuais pode ser ajustado pelo utilizador. Para fazer isso, abra o Gerenciador de Tarefas (clique com o botão direito do mouse na barra de tarefas do Windows NT) e clique na guia "Processos". Clique com o botão direito do mouse no processo intitulado "ANSYS.EXE", e "Set Priority >" aparece. Defina a prioridade para "Low" para ajudar a fazer com que as aplicações em primeiro plano corram mais suavemente enquanto o ANSYS está a executar o SOLVE em segundo plano. Isto pode ajudar mais se tiver uma grande memória RAM no computador.

Quando o ANSYS tiver completado o processo SOLVE, volte a colocar a prioridade em "Normal" para que o ANSYS não fique mais lento quando começar a fazer gráficos através da GUI

- **Cargas**

É possível operar em cargas de nós e elementos para os aumentar ou diminuir. Infelizmente, o escalonamento de cargas em entidades geométricas (pontos-chave, linhas, áreas e volumes) parece não estar disponível. Se qualquer carga na sua estrutura tiver sido aplicada a uma entidade geométrica, em vez de diretamente a elementos ou nós, essa carga será transferida para os elementos e nós no momento da solução. A transferência substituirá qualquer escalonamento de cargas que tenha sido aplicado.

- O que é que se pode fazer em relação a isto?
- Método 1: Transferir o carregamento das entidades geométricas para os elementos e nós e, em seguida, escrever um ficheiro de passos de carga. Isto regista o carregamento nos elementos e nós. Elimine o carregamento nas entidades geométricas e, em seguida, leia o ficheiro de patamares de carga que acabou de ser escrito. Agora o carregamento pode ser aumentado ou diminuído livremente.
- Método 2: Para um método mais rápido, ver o comando "LSCLEAR, SOLID", que não requer a escrita de um ficheiro de passos de carga.
- Método 3: Transferir o carregamento das entidades geométricas para os elementos e nós e, em seguida, eliminar a relação entre a geometria e a malha FEA com o comando MODMSH,DETA.
- Método 4: Transferir o carregamento das entidades geométricas para os elementos e nós e, em seguida, anular a seleção das entidades geométricas, antes de executar SOLVE. O carregamento do elemento e do nó pode ser escalonado depois de ter sido transferido das entidades geométricas. Uma entidade geométrica não selecionada não transfere o seu carregamento para os elementos ou nós quando o SOLVE é executado.

- **Redução de cargas para zero**

Se a força de rampa, a pressão e a aceleração carregarem para cima e para baixo como parte de uma análise, pode ser desejável retornar as cargas a zero. Se eliminar a carga aplicada, a carga cairá imediatamente para zero, mesmo que tenha ativado a rampa de carga. O que deve ser feito é definir a carga para praticamente zero ou o fator de escala para praticamente zero, e não eliminar a carga. É importante compreender que, para o ANSYS, reduzir uma carga a quase zero não é a mesma coisa que eliminá-la, para efeitos de rampa de cargas. O tamanho dos sub-passos de tempo a utilizar dependerá do modelo.

Definir deslocamentos para zero ou próximo de zero é, obviamente, muito diferente de eliminar restrições

<* Encurvadura linear e não linear

A encurvadura linear por valores próprios é uma verificação "rápida" de uma estrutura, mas os manuais ANSYS fazem um esforço considerável para salientar que, em muitas situações, é necessário executar uma solução de grande deslocamento também como uma verificação da adequação da encurvadura de um projeto. Tal como acontece com a encurvadura linear, a encurvadura não linear pode necessitar de ser avaliada relativamente a um conjunto de casos de carga. Em algumas estruturas, desenvolve-se um campo de tensão diagonal numa alma e a rotura por encurvadura elástica não se desenvolve nos primeiros valores Eigen previstos. Noutras estruturas, a rotura por encurvadura pode ocorrer antes do primeiro valor de Eigen e só a análise não linear o poderá prever.

A encurvadura por valor próprio linear tem de assumir que os elementos de folga e de contacto estão fechados e activos, ou abertos e inactivos. A análise não linear seguirá os efeitos destes elementos à medida que entram e saem de contacto, quando a carga é aplicada.

Após qualquer análise de encurvadura elástica não linear de grande deslocamento (se não divergir), verifique se os limites de tensão elástica foram excedidos (isto inclui as superfícies dos elementos de casca, e tenha cuidado para que a média nodal não esconda nada). Se a tensão for significativamente excessiva, a estrutura pode não ser adequada.

A combinação de flexão e compressão axial numa viga é um caso clássico em que a inadequação da resistência só pode ser prevista no MEF através de uma análise não linear de grandes deslocamentos (ou seja, uma análise linear diz que está tudo bem, mas uma análise não linear mostra que não está). Para algumas estruturas submetidas a uma análise elástica de grandes deslocamentos sem elementos de contacto e de folga, o utilizador pode querer considerar um gráfico de poço sul.

Se os limites de tensão elástica forem excedidos no modelo de grande deslocamento, pode ser desejável efetuar um modelo combinado de grande deslocamento e deformação plástica. Se a estrutura estiver sobrecarregada, pode começar a colapsar (talvez apenas localmente). Pode ser prevista ou identificada a necessidade de reforçar a estrutura. As propriedades dos materiais a utilizar são específicas do domínio da aplicação e da indústria - começar.

<* Análise não-linear e o método do comprimento de arco

A forma básica de efetuar análises não-lineares no ANSYS é utilizar a iteração NR e muitas configurações por defeito. Por vezes, a convergência pode tornar-se um problema; já me deparei com este problema em estruturas em casca sob tensões de compressão. O método arclength pode por vezes lidar melhor com soluções não lineares, devido à sua capacidade de seguir curvas força-deflexão que sobem e descem. Esteja preparado para longos tempos de execução se o seu modelo for grande.

A experiência com o método do comprimento de arco é que, nas suas configurações padrão para multiplicadores de tamanho de passo, não dá resultados satisfatórios ao comprimir alguns modelos baseados em cascas. O que pode funcionar é definir um número de sub-passos de tempo, como 10, de modo a que cada sub-passo seja 1/10 do passo de carga. Defina o multiplicador máximo MAXARC do ArcLength para 1,0, de modo a que não sejam utilizados sub-passos superiores a 1/10 do passo de carga. Defina o multiplicador mínimo de Arc-Length MINARC para 0,1, de modo a que o sub-passo de carga mais pequeno seja 1/100 do passo de carga total. Poderá querer utilizar uma definição maior ou menor de MINARC, mas a experiência até à data sugere que não se deve ser ambicioso com o MAXARC. Obviamente, é possível jogar com o número de sub-passos de tempo.

A solução pode ainda divergir, mas é provável que obtenha mais informação do que sem a análise do comprimento de arco. É aconselhável definir uma condição de terminação para a análise se for expetável a ocorrência de encurvadura.

É desejável salvar os resultados em cada sub-passo de tempo ao fazer este tipo de análise (ajuda ter um disco rígido grande) para rever o processo. Ao rever os resultados de um caso de carga único executado sob controlo de comprimento de arco, o valor TIME nos gráficos ANSYS mostra a fração decimal da carga total aplicada ao modelo. À medida que se avança nos gráficos, se a curva carga/deslocamento da estrutura estiver a diminuir, a fração decimal diminuirá, mesmo que alguns deslocamentos estejam visivelmente a aumentar.

<* Animação de resultados de uma análise não linear ou outra

Pode ser útil observar os níveis de tensão crescentes que resultam do aumento da carga de uma análise não linear. Para criar uma animação, primeiro execute a sua análise com as cargas aumentadas e um número de sub-etapas. Todas as sub-etapas devem ser gravadas no ficheiro de resultados. Faça um gráfico de tensão de interesse para definir o tipo de gráfico de tensão a ser animado pela macro que será executada. Faça com que a janela gráfica do ANSYS seja tão pequena quanto deseja que a janela de animação apareça (a maioria dos ecrãs terá uma resolução inferior à de uma estação de trabalho CAD), mantendo a relação de aspeto correcta. Janelas gráficas mais pequenas resultam em ficheiros de animação mais pequenos, se o tamanho for importante. Os ficheiros de animação no Windows NT (ficheiros AVI) do ANSYS são frequentemente muito bem comprimidos para fins de armazenamento. Use a seleção do menu PlotCtrls no menu Utility, e escolha Animate para obter um sub-menu de escolhas. Escolha "Dynamic Results" para criar uma animação dos resultados salvos da subetapa de carga com o tempo mostrado na legenda. Isso parece funcionar apenas para a última etapa de carga (leia a macro ANSYS). O arquivo AVI resultante pode ser visualizado com o media player, distribuído, colocado em um site, e assim por diante. O leitor multimédia pode ser acelerado manualmente para uma visualização lenta. Isto facilita a observação da alteração do padrão de tensão ou deformação à medida que os efeitos não-lineares tomam conta do modelo.

Ao animar um gráfico de variação de tensão ou outro gráfico de contorno, poderá querer especificar os níveis de contorno antes de gerar o ficheiro de animação. Veja o patamar ou sub-patamar de carga com os piores resultados como parte da decisão de onde definir os níveis de contorno.

Não se verifica que nenhuma das macros de animação fornecidas pelo ANSYS faça a única coisa mais simples que pretendo. Normalmente, quero animar cada sub-passo de cada passo de carga armazenado no ficheiro de resultados. A macro simples a seguir faz isso para mim no Windows NT. Não existe praticamente nenhuma verificação de erros nesta macro. Note-se que esta macro simples não actualiza os dados da tabela de elementos em cada fotograma. Consequentemente, não funcionará corretamente para gráficos de dados da tabela de elementos. Se se pretender representar tensões, deformações ou outros dados com informação de amplitude, o utilizador pode querer fixar antecipadamente os níveis do mapa de contorno. O utilizador quererá definir antecipadamente o escalonamento da amplitude do deslocamento com /DSCALE - o escalonamento automático não será satisfatório. Em geral, pode não ser satisfatório ter /ZOOM, OFF ativo, uma vez que a vista mudará se as parcelas de deflexão significativa forem incluídas na animação. A definição manual de uma vista pode produzir uma melhor animação.

<*Working with Load Step Files in ANSYS

Os ficheiros de patamares de carga podem ser utilizados para automatizar a aplicação de uma série de casos de carga diferentes numa estrutura. Um ficheiro de patamares de carga contém cargas em elementos e nós. NÃO contém cargas em entidades geométricas. Consequentemente, um ficheiro de patamares de carga pode ser gerado depois de todas as cargas de entidades geométricas terem sido transferidas para um modelo. Depois de todas as cargas em entidades geométricas terem sido eliminadas, o ficheiro de patamares de carga pode ser lido de novo, recuperando todas as cargas aplicadas. Em alternativa, considere o comando "LSCLEAR, SOLID". Essas cargas podem então ser escalonadas.

O utilizador deve ter cuidado ao manipular os ficheiros de passos de carregamento. Os ficheiros de passos de carregamento podem conter a instrução KUSE que diz ao ANSYS para reutilizar o ficheiro TRI se as restrições não tiverem sido alteradas. Se o utilizador apagar um ficheiro de passos de carregamento, alterar a ordem da sua execução, ou modificar manualmente o seu conteúdo, pode resultar numa análise inválida.

Se o modelo for renumerado após a geração dos ficheiros de passos de carga, os números dos nós e dos elementos no ficheiro de passos de carga deixarão de estar sincronizados com o modelo e serão inválidos. Uma forma de contornar este problema é mencionada noutra parte destas notas.

O leitor deve tomar nota dos comentários dos guias do utilizador ANSYS sobre o comando LSCLEAR. Este comando apaga todas as cargas e redefine todas as opções do passo de carga para os seus valores padrão. Isso pode "limpar" os dados do load step antes de usar o LSREAD para ler um arquivo de load step para modificação. O que isto implica é que o processo de execução do load step NÃO executa um comando LSCLEAR quando um arquivo de load step é lido. Se o fizesse, então ANSYS teria de implementar uma verificação substancial para ver se um ficheiro TRI era seguro para reutilizar, sob o solver frontal (a reutilização de ficheiros TRI poupa tempo considerável). A implementação de passos de carga pode causar estragos quando o utilizador utiliza ficheiros de passos de carga de uma forma para a qual o método não foi concebido. Pode ser útil ler o conteúdo da macro LSSOLVE.MAC para prever o que vai acontecer e para ver o que o LSSOLVE faz para evitar problemas. A macro LSSOLVE.MAC no ANSYS 5.3 inclui alguns comandos não documentados incluindo DMARK, FMARD, SMARK, BMARK, e um comando *GET que recupera o número do erro no processo /SOLU. Também utiliza um comando "LSCLEAR, SOLID" que remove cargas em entidades geométricas antes de ler os ficheiros de passos de carga. Selecciona todas as etiquetas DOF, define as etiquetas xCUM para "substituir" e faz algumas outras coisas. Não considero que os manuais abordem este tópico de forma adequada - um utilizador deve ler a macro.

O manual do ANSYS comenta o comando LSREAD. O comando NÃO apaga TODAS as cargas actuais no modelo quando lê um novo ficheiro de passo de carga (apaga algumas... leia o manual).

Ao utilizar ficheiros de escalões de carga: Se as cargas nos nós e elementos forem definidas com os comandos BF e BFE (por exemplo, aplicando temperaturas para uma análise de tensões de deformação térmica), se for configurado um escalão de carga subsequente, se estas temperaturas tiverem de voltar à temperatura ambiente, pode ser necessário utilizar o comando BF e BFE para definir os nós e elementos para a temperatura de referência (por defeito, 0), em vez de apagar as cargas utilizando BFDELE e BFEDELE e utilizar BFUNIF para introduzir a temperatura uniforme. Pode ser útil utilizar comandos como "nsel, s, bf, temp, -999,99999" e "esel, s, bfe, temp, -999,99999" para selecionar todos os nós ou elementos aos quais foram aplicadas temperaturas, se as for alterar. Tenha muito cuidado com o comando BFE. Se definir o valor da temperatura em, por exemplo, quatro locais num elemento com BFE e, num passo de carga posterior, definir o valor em apenas dois locais dentro de um elemento, a temperatura nos outros dois locais continuará a "pairar" no valor anterior. É muito fácil cometer este erro ao executar uma série de ficheiros de passos de carga. (Outra coisa que descobri da maneira mais difícil, num modelo em que eram utilizados comandos de criação de tubagens e elementos de viga).

Se o utilizador estiver a eliminar restrições de deslocamento utilizando DDELE e, em seguida, escrever um ficheiro de passos de carga adicional, a restrição antiga pode ainda estar presente quando a série de ficheiros de passos de carga é lida em LSREAD; verifique isto nos seus resultados. Tenha cuidado com isto. Pode comprometer o uso de ficheiros de passos de carga, ou requerer alguma intervenção como escrever um ficheiro de entrada que chama os ficheiros de passos de carga usando LSREAD, implementando comandos de correção conforme necessário - tenha cuidado para que um ficheiro TRI não seja reutilizado porque um ficheiro de passos de carga contém "KUSE, 1" quando as suas alterações às restrições significam que um novo ficheiro TRI deve ser gerado. As declarações na macro LSSOLVE.MAC podem fornecer orientação sobre como usar o LSREAD de forma eficaz. Poderá ser necessário consultar os ficheiros do passo de carregamento com um editor de texto. É de notar que alterar o conteúdo dos ficheiros de passos de carregamento com um editor de texto pode ser complicado devido a efeitos secundários não intencionais.

Em geral, o utilizador terá de ter cuidado para que o "resíduo" das cargas e deslocamentos de um patamar de carga não apareça de forma inadequada em patamares de carga posteriores. Isto é verdade quando se geram os ficheiros de patamares de carga, e pode aplicar-se quando se lêem ficheiros de patamares de carga com o LSREAD. Como já foi referido, o LSSOLVE.MAC utiliza instruções de limpeza.

O utilizador terá de ter o cuidado de alterar as cargas entre os patamares de carga de forma consistente com a obtenção de uma rampa suave de cargas e deslocamentos, para os casos em que tal é desejado, quer para a análise transiente, quer para uma boa convergência da análise não linear, ou quando são desejados resultados intermédios nas cargas intermédias.

Antes de ler os ficheiros de passos de carga para resolver com o LSREAD, certifique-se de que as cargas nas entidades geométricas e nos elementos e nós foram eliminadas, a menos que as mantenha intencionalmente (como referido, as cargas nas entidades geométricas substituem as cargas nos elementos e nós). Conforme observado, o LSSOLVE.MAC no ANSYS 5.3 contém o comando "LSCLEAR, SOLID" para remover as cargas do modelo sólido no modelo antes de prosseguir.

Se a análise de grandes deslocamentos for utilizada em análises executadas por ficheiros de patamares de carga, o sinal NLGEOM deve ser definido no primeiro ficheiro de patamares de carga. Não será gerado nenhum comando NLGEOM nos arquivos de load step subsequentes. Como o ANSYS não permite que o tipo de análise seja alterado ao aplicar uma série de passos de carga, serão geradas mensagens de erro se o utilizador alterar o valor de NLGEOM no meio de um conjunto de ficheiros de passos de carga.

<*_Plotting_ Shell Stresses -- Superfície, tensão no plano médio, caminhos de carga, ESYS e RSYS

Na base de dados do ANSYS, as tensões (e deformações) do casco para os elementos básicos de casco são reportadas nas superfícies superior e inferior do elemento de casco. O usuário pode ter quatro opções no ANSYS 5.4 para plotar as tensões (e deformações) do casco. Três delas são selecionadas com os comandos: "SHELL, TOP" , "SHELL,MID" ou "SHELL,BOT". Isto fará com que o traçado das tensões (e deformações) da casca seja baseado nos valores da superfície superior, do plano médio ou da superfície inferior de cada elemento da casca. Isto é um pouco enganador. A tensão do plano médio é baseada na média das tensões no topo e na base. O que constitui o topo e a base de um elemento de casca depende da orientação do elemento quando foi definido. É possível ter elementos adjacentes, um com a superfície "superior" a apontar para cima, e o seu vizinho com a superfície "superior" a apontar para baixo. Em estruturas complexas, isto acontece a toda a hora. Se forem efectuados gráficos de média nodal, por exemplo com "PLNSOL, S, EQV", quando é escolhida a plotagem da superfície superior ou inferior, então, com esses elementos adjacentes, os resultados da superfície superior e inferior plotados serão misturados, causando uma confusão enganadora.

É possível obter mais informações sobre o fluxo de tensões num modelo através da representação gráfica dos vectores de tensão, utilizando o comando "PLVECT, S". Com cascas, estes vectores serão representados para os componentes de tensão do princípio do plano médio. Por vezes, será necessário utilizar gráficos vectoriais sem remoção de superfícies ocultas, para obter a melhor visualização destes vectores. Se houver compressão local, os vectores apontam para dentro. Estes vectores podem dar uma ideia dos caminhos da carga numa estrutura.

Onde há intersecções de planos de elementos de casca, por exemplo, cantos ou intersecções em "T", ou onde elementos de diferentes espessuras se encontram, a média das tensões do nó pode tornar a informação do gráfico de tensões local sem sentido na intersecção. Isto é verdade tanto para os gráficos de tensão de superfície como para os de plano médio. Esta é uma das formas em que as tensões excessivas serão involuntariamente perdidas.

Sempre que a média nodal é plotada, é possível que a média "lave" as tensões locais que podem ser importantes, mas é comum fazer gráficos de média nodal por causa de sua aparência muito mais limpa (eu mesmo os faço). A quarta opção para plotar as tensões do casco é ativar a funcionalidade ANSYS Powergraphics. Isto faz com que os resultados do casco sejam exibidos, mesmo com a média, para a superfície *visível*. As opções activadas com os comandos AVRES e /EFACET podem refinar a forma como os resultados são representados no Powergraphics.

O Powergraphics tem a opção de interromper o cálculo da média dos contornos de tensão quando existem certas descontinuidades no material ou na geometria do modelo. O pormenor é necessário porque uma tensão elevada que é eliminada pelo cálculo da média nodal pode ser uma tensão que causa fadiga grave ou outros danos, como fissuras ou a rutura de uma soldadura.

A única desvantagem é que o Powergraphics não funciona com tensões a meio do plano. O utilizador tem poucas opções neste caso. Por vezes, é importante selecionar apenas regiões de um modelo quando se faz a média nodal das tensões no plano médio (usando "SHELL, MID", sem Powergraphics) de modo a que a média não elimine nada. Um gráfico de tensões no plano médio sem Powergraphics pode ser efectuado para tensões de elementos, utilizando um comando como "PLESOL, S, and EQV". Isto terá um aspeto confuso, mas pelo menos não esconde uma tensão extrema. Uma alternativa, que é utilizada, é discutida noutro ponto destas páginas: A macro para obter a tensão média do plano médio (todos os componentes) em cada nó de cada elemento (um dado nó tem resultados diferentes com referência a cada um dos elementos a que está ligado, por isso um dado nó será procurado tantas vezes quanto o número de elementos a que está ligado), e transferi-lo para as superfícies superior e inferior, de modo a que o Powergraphics desenhe a tensão média do plano médio de forma limpa, com descontinuidades. Cuidado: Isto arruína a base de dados de resultados. A execução da macro é extremamente lenta. O método (com o Powergraphics) dá, no entanto, gráficos muito mais bonitos do que a utilização do comando "PLESOL,S,EQV" para traçar as tensões do elemento no plano médio sem o cálculo da média nodal (sem o Powergraphics).

CAMINHOS DE CARGA

A macro poderia ser modificada para multiplicar os componentes de tensão médios do plano médio pela espessura local do elemento de casca em cada nó. Os valores resultantes produziriam um gráfico de contorno de força por polegada linear (ou outra unidade dimensional) "média" no plano médio da casca - isto poderia ajudar a tornar visíveis os caminhos de carga numa estrutura de casca complexa. Plotagem "PLVECT,S" que agora mostraria setas correspondentes à carga por unidade de comprimento no plano médio e mostraria as direcções principais em que aponta, ajudando a ilustrar os caminhos da carga. Esta macro também arruinaria a base de dados para qualquer outra utilização. Antes de traçar os dados de "carga por unidade de comprimento", o utilizador tem de decidir como orientar os sistemas de coordenadas dos dados de resultados com o RSYS para informação como Sx ou Sy que contenha informação de direção (as tensões e deformações com o EQV não contêm informação de direção).

- **ANSYS BARRA DE FERRAMENTAS**

A barra de ferramentas ANSYS pode ser muito útil para dar acesso "com um clique" a comandos frequentemente utilizados. Os botões da barra de ferramentas também podem chamar macros, ou a forma funcional de comandos, por exemplo, Fnc_Pl_Symbols para abrir a caixa de diálogo para definir símbolos. Se quiser ser mais sofisticado, um botão da barra de ferramentas pode ser utilizado para ativar uma barra de ferramentas alternativa.

Na barra de ferramentas, foi activada uma variedade de botões. Algumas das legendas são um pouco enigmáticas; isto deve-se ao facto de as legendas estarem limitadas a apenas 8 caracteres. O comando que é executado não pode incluir o sinal $. Consequentemente, apenas um comando pode ser executado, no entanto, uma macro pode ser chamada para executar um conjunto complexo de instruções. A edição da barra de ferramentas é efectuada a partir do item de menu "MenuCtrls". Na barra de ferramentas, os botões não estão numa ordem muito lógica. Para modificar a sequência dos botões, guarde a barra de ferramentas e reordene as linhas desse ficheiro com um editor de texto. Tenha em mente o tamanho final da sua barra de ferramentas. O exemplo aqui é dimensionado para seis linhas de profundidade e sete colunas de largura. Use a seleção de menu "Save Menu Layout" para salvar o layout de todas as suas janelas ANSYS, incluindo a forma da barra de ferramentas. (Esta configuração é destruída se você modificar a "GUI configuration" na caixa de diálogo de inicialização do ANSYS Interactive). Quando estiver satisfeito com o layout da sua barra de ferramentas, você pode anexar o conteúdo do arquivo da barra de ferramentas ao final do arquivo "Start.ans" localizado no subdiretório "DOCU" do ANSYS

- **Saída gráfica do ANSYS**

Se iniciar o ANSYS no Windows NT com "win32" selecionado para gráficos, os gráficos de tensão serão sombreados. Se selecionar "win32c" para os gráficos, os gráficos de tensões não serão sombreados, e terão geralmente melhor aspeto quando plotados em papel, especialmente quando plotados a partir do ANSYS com Hardcopy para impressoras a jato de tinta. Eles podem ser selecionados com os comandos /SHOW, WIN32 e /SHOW, WIN32C quando se usa a GUI.

A plotagem para a janela do ecrã com Z-buffering como controlo de superfície oculto pode dar resultados muito satisfatórios e muitas vezes mais rápidos. No entanto, as cópias em papel destes gráficos de tampão Z terão um aspeto "pixelizado", estando limitadas a uma resolução grosseira. As cópias em papel com melhor aspeto resultarão normalmente se o ecrã estiver definido para "Precise Hidden" ou mesmo para o controlo de superfície oculta centróide. Isto é normalmente verdade para os gráficos enviados para um ficheiro, para posterior processamento com o programa ANSYS DISPLAY.

Os gráficos podem ser redireccionados para ficheiros usando o comando /SHOW. Isto permite que o programa DISPLAY faça várias coisas com os resultados, incluindo a geração de animações. No Windows NT, uma animação pode ser gerada como um ficheiro AVI.

Ao nível do ANSYS 5.3, é possível fazer um /SHOW,VRML plot para obter um ficheiro VRML 3-D produzido a partir de um modelo 3-D. Este pode ser um gráfico de contorno de tensão de um modelo 3-D. Com as opções correctas activadas para um bom visualizador VRML ligado a um navegador Web, as tensões no modelo 3-D podem ser revistas em qualquer ângulo de visão com o controlo de posicionamento de um visualizador VRML. Isto deve ser particularmente interessante num computador com um acelerador gráfico 3D rápido.

Existem utilitários que podem converter um ficheiro de saída Postscript do programa ANSYS DISPLAY num ficheiro de imagem bitmap. Um programa de conversão gratuito é o Ghostscript, uma vez que se descubra como o utilizar. O utilizador deve obter um front end para o programa Ghostscript, para facilitar a sua utilização.

No Windows NT, a combinação de teclas Alt/Print Screen copia uma janela para a Área de Transferência. Isto pode ser usado para capturar uma janela gráfica ANSYS para colar num documento de um processador de texto, ou num programa de processamento de imagem para conversão num GIF ou outro ficheiro bitmap. Os ficheiros GIF podem ser utilizados em páginas WEB para mostrar os resultados do trabalho ANSYS. Recomenda-se a utilização de ficheiros GIF em vez de ficheiros JPEG para imagens de ANSYS, porque os ficheiros GIF reproduzem com precisão imagens de 256, 16 e 2 cores (é necessário reduzir as cores para 256 ou menos níveis no programa de processamento de imagem, ou aceitar a redução de cor padrão usada quando o ficheiro GIF é gerado). Antes de capturar a janela Graphics do ANSYS, defina o seu tamanho de forma satisfatória. Alterações no tamanho da imagem bitmap num programa de processamento de imagem não são satisfatórias com este tipo de saída gráfica. Se você quiser ficar realmente sofisticado, gere um arquivo GIF que contenha uma animação de um modelo ANSYS. (Os ficheiros GIF animados podem ser gerados a partir de imagens individuais com software que pode ser encontrado na Web ou adquirido).

O redimensionamento da janela gráfica do ANSYS no Windows NT é doloroso se um modelo tiver sido plotado, porque o ANSYS quer continuar a plotar novamente a imagem à medida que a borda ou o canto da janela é arrastado. Este problema desaparece se as propriedades de exibição do Windows NT forem configuradas para NÃO mostrar o conteúdo da janela ao arrastar.

Capítulo 3

Fig. 3.1 : Menu utilitário

3.1 INTRODUÇÃO: Neste capítulo, explicámos o procedimento experimental para a análise do componente. Em primeiro lugar, o modelo 3D da caixa do trompete foi gerado no IDEAS (software CAD) com a ajuda de desenhos 2D fornecidos pela empresa. De seguida, o modelo foi engrenado com elementos tetraédricos de tamanho 13. De seguida, o modelo foi importado para o ANSYS 5.4 em formato IGES
(especificações de intercâmbio de gráficos interactivos) para efeitos de análise.

3.2 ESCOLHA DO ELEMENTO:- O modelo foi malhado no IDEAS e a única opção disponível para a malha do modelo era um elemento tetraédrico de 8 nós. Estavam disponíveis dois tipos de elementos tetraédricos: (i) retangular (ii) parabólico. Devido à geometria complexa do modelo, foi selecionado o elemento parabólico.

3.3 TAMANHO DO ELEMENTO: À medida que diminuímos o tamanho do elemento, a precisão dos resultados é melhorada até um certo limite e o tamanho do ficheiro de dados continua a aumentar. Depois de um certo limite, a precisão não melhora com a diminuição do tamanho do elemento. Assim, o tamanho do elemento adotado foi 13.

3.4 IMPORTAÇÃO DO MODELO MESHED:- Os comandos ANSYS para a importação do modelo 3D são detalhados nesta secção.

Passo 1) Dar o título (modelo 3D da caixa do trompete)

Ficheiro > Alterar título

Figura3.2 : Alterar o título

botão "ok".
Passo 2) Importar o modelo:
No menu do utilitário, seleccione Ficheiro> importar> IGES

Introduzir o novo título "Modelo 3D da caixa do trompete" e clicar no

No " menu Utilitário " selecionar:

Figura 3.3 : Importação do modelo.

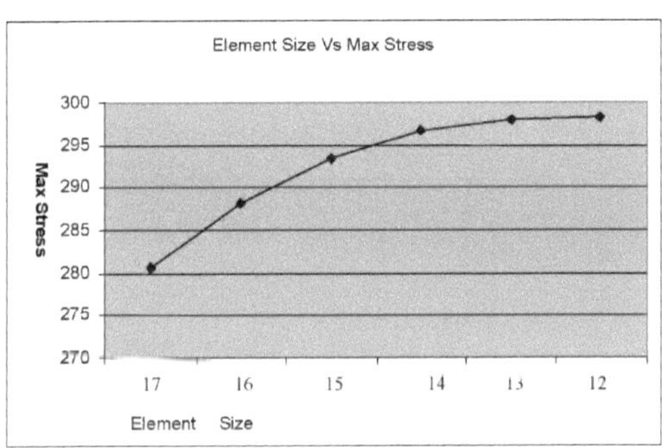

aparecerá a seguinte janela

Figura3.4: Importação de um ficheiro IGES

prima "ok" , aparece a janela seguinte,

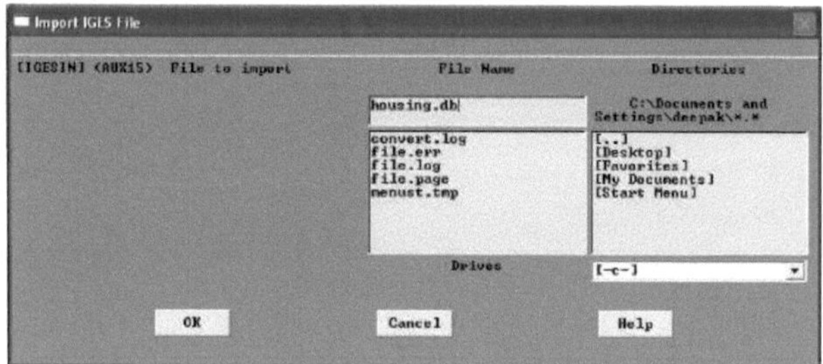

Figura 3.5: Fornecimento do caminho para o ficheiro da base de dados

prima "ok".

Passo 3) Traçar os elementos No "menu utilitário", seleccione : Enredo> Elementos

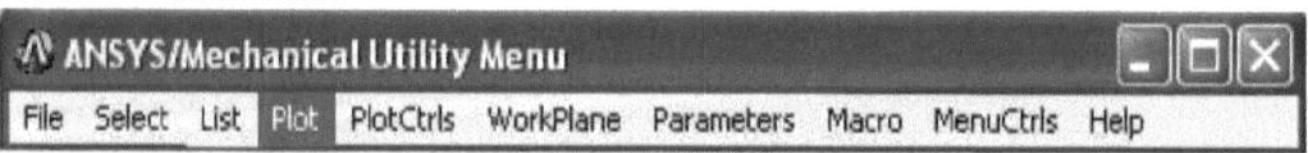

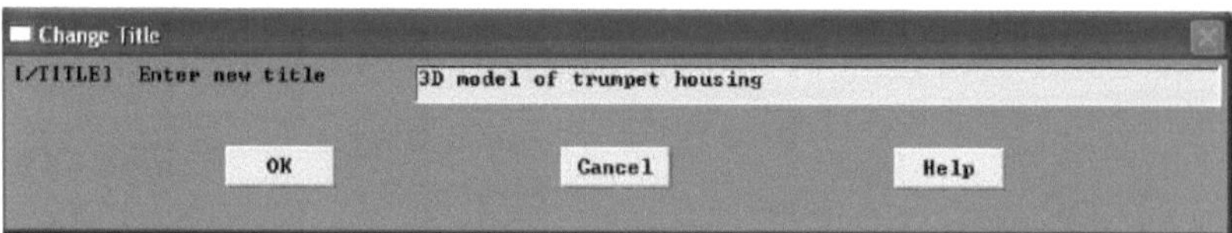

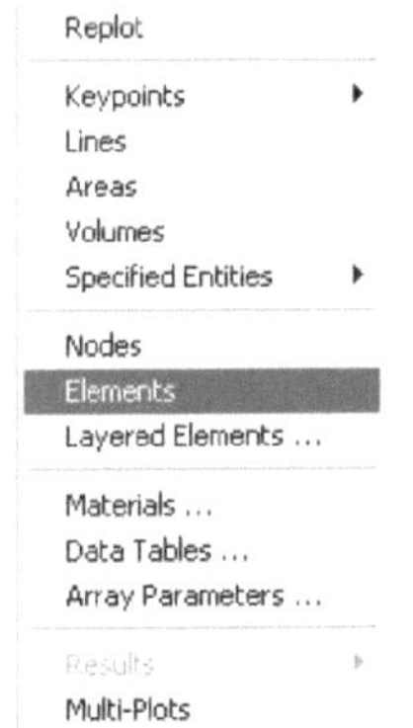

fixada à caixa do diferencial) fixa e aplicando uma carga estática na outra extremidade (à qual está fixada a roda traseira).

Figura3.6: Elementos de plotagem

O modelo de malha 3D seguinte aparece na janela gráfica:

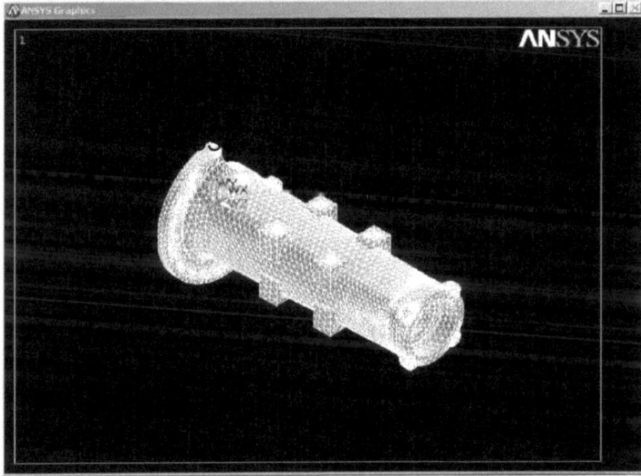

Figura3.7 : Modelo com malha na janela de gráficos

Figura3.9 : Distribuição da carga

3.5 ANÁLISE DOS ESFORÇOS DO DESENHO EXISTENTE: O modelo existente é analisado aplicando a carga projectada e as condições de fronteira. Uma vez que o peso do corpo principal (caixa do diferencial, caixa de velocidades e motor) é muito superior ao peso dos pneus, considera-se que o lado da caixa da trompete que está ligado à caixa do diferencial é fixo para efeitos de análise. O modelo é analisado assumindo uma extremidade (lado da flange que é

Agora, para calcular as reacções nas rodas dianteiras e traseiras, é necessário tomar momentos sobre estes pontos.

Assumindo que a extremidade traseira está arranjada e a aproveitar os momentos,

$2^{*}{}_{Rw} = 200^{*}\,0,7 + 500^{*}1,8$ (${}_{Rw}$ = carga total nas rodas da frente)

$= 140 + 900 = 1040$

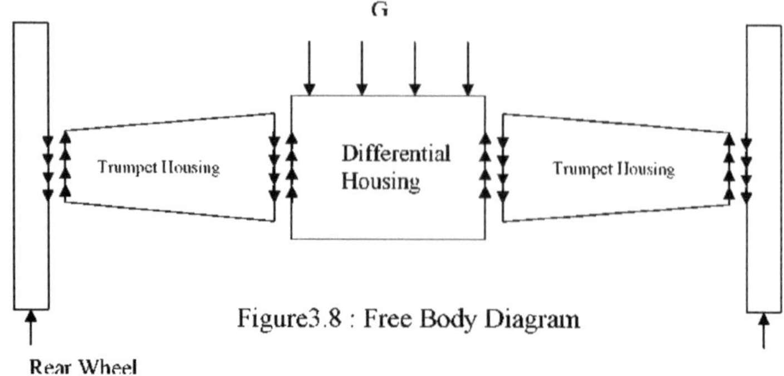

Figure3.8 : Free Body Diagram

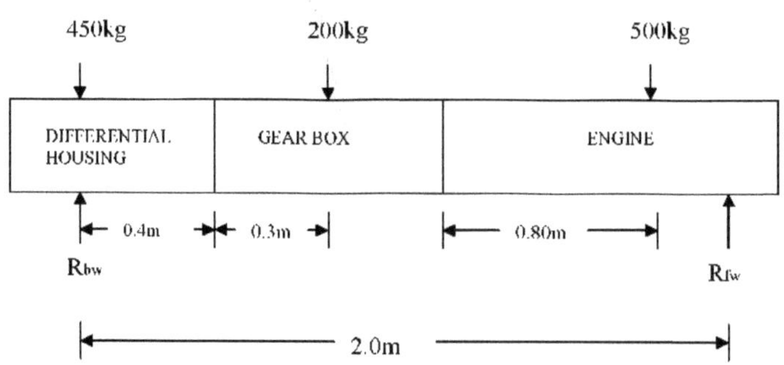

R_{fw} = 1040/2 = 520 kg

Agora, partindo do princípio de que a extremidade dianteira está fixa e tendo em conta os momentos, $2{*}R_{bw}$ = 2*450 + 200*1,3 + 500* 0,2 (R_{bw} = carga total nas rodas traseiras)
=900+260+100
= 1260
R_{bw} = 1260/2 = 630kg

Carga em cada roda traseira, P = Rbw/2 (P = carga em cada roda traseira)
= 630/2
= 315kg

Esta carga total é partilhada pelo eixo traseiro e pela caixa do trompete.
Por conseguinte, P = P_a + Pt = 315kg (P_a, Pt = cargas no eixo e no trompete).

Sejam Y_a e Yt a deformação máxima do eixo e do trompete do lado da roda.

$$Y_a = \frac{P_a L^3}{3E_a I_a}$$ (em que E = módulo de elasticidade e I = momento de inércia do componente)

$$Yt = \frac{Pt L^3}{3Et\ It}$$

Therefore,

$$\frac{P_a}{P_t} = \frac{E_a I_a}{E_t I_t}$$

$$\frac{P_a}{P_t} = \frac{220x10^9x\ 3.14x70^4}{90x10^9x3.14x(108^4-100^4)}$$

$$P_a = 1.65 \times P_t$$

Uma vez que a deflexão do eixo e do trompete é a mesma,
Por conseguinte, $Y_a = Y_t$

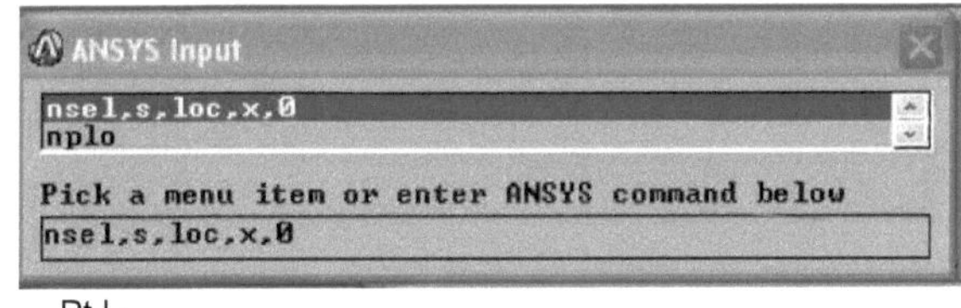

Ou $$\frac{P_a L^3}{3E_a I_a} = \frac{Pt L^3}{3Et\ It}$$

1.65Pt + Pt = 315kg

ou Pt = 315/2,65 = 118kg
Considerando os choques, a carga estática equivalente no trompete = 2x118=236kg O valor da carga de projeto utilizado pela empresa é 300Kg.

APLICAÇÃO DE CONDIÇÕES DE CARGA E DE FRONTEIRA:

Passo) Em primeiro lugar, é efectuada a criação de uma malha 3D. Em seguida, seleccionam-se todos os nós do lado do banzo. Para o efeito, é dado o seguinte comando na janela de entrada :

Figura 3.10: Janela de entrada

Para desenhar os nós seleccionados, foi dado o seguinte comando :
Figura 3.11: Janela de entrada

Passo2) Aplicar condições de fronteira :

No menu principal, seleccionámos :

Pré-processador>Cargas>Aplicar>Deslocamento > Nos nós Aparecerão as seguintes janelas :

Figura3.12 : Caixas de ferramentas para aplicação de cargas no componente

Em seguida, todos os nós foram seleccionados por seleção de caixa.
Clicou em "ok". Apareceu a seguinte janela.

Figura 3.13: Introdução do valor do deslocamento em diferentes direcções
Clicou em "ok".

Passo 3) Seleção dos nós na outra extremidade.

No "menu utilitário", selecionar :

Plano de trabalho>Alterar CS ativo para> Sistema de coordenadas especificado.

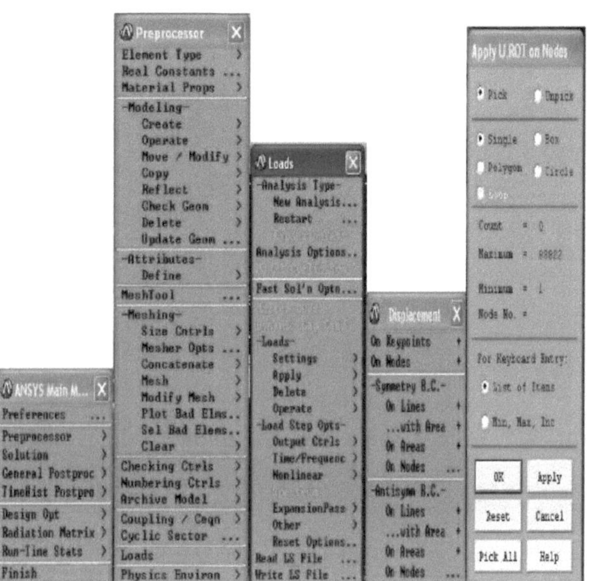
ANSYS Main M...
Preferences
Preprocessor
Solution
General Postproc
TimeHist Postpro
Design Opt
Radiation Matrix
Run-Time Stats
Finish
Preprocessor
Element Type
Real Constants
Material Props
-Modeling-
Create
Operate
Move / Modify
Copy
Reflect
Check Geom
Delete
Update Geom
-Attributes-
Define
MeshTool
-Meshing-
Size Cntrls
Mesher Opts
Concatenate
Mesh
Modify Mesh
Plot Bad Elms..
Sel Bad Elems..
Clear
Checking Ctrls
Numbering Ctrls
Archive Model
Coupling / Ceqn
Cyclic Sector
Loads
Physics Environ
Loads
-Analysis Type-
New Analysis...
Restart
Analysis Options..
Fast Sol'n Opts...
-Loads-
Settings
Apply
Delete
Operate
-Load Step Opts-
Output Ctrls
Time/Frequenc
Nonlinear
ExpansionPass
Other
Reset Options..
Read LS File
Write LS File
Displacement
On Keypoints
On Nodes
-Symmetry B.C.-
On Lines
...with Area
On Areas
On Nodes
-Antisymm B.C.-
On Lines
...with Area
On Areas
On Nodes
Apply U,ROT on Nodes
Pick
Unpick
Single
Box
Polygon
Circle
Loop
Count = 0
Maximum = 88822
Minimum = 1
Node No. =
For Keyboard Entry:
List of Items
Min, Max, Inc
OK
Apply
Reset
Cancel
Pick All
Help

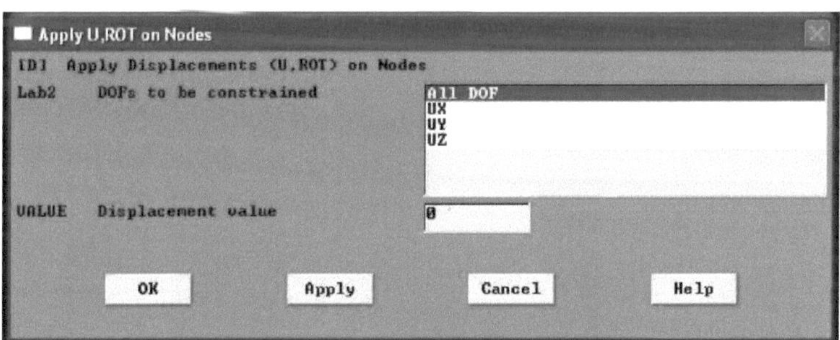
Apply U,ROT on Nodes
[D] Apply Displacements (U,ROT) on Nodes
Lab2 DOFs to be constrained
All DOF
UX
UY
UZ
VALUE Displacement value
0
OK
Apply
Cancel
Help

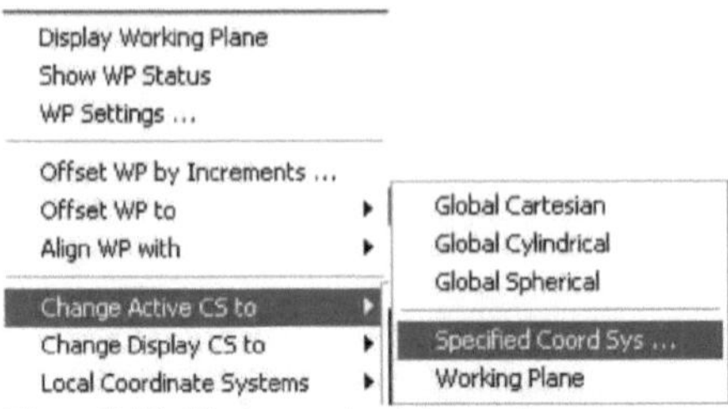

Figura3.14: Mudança do sistema de coordenadas

aparecerá a seguinte janela.

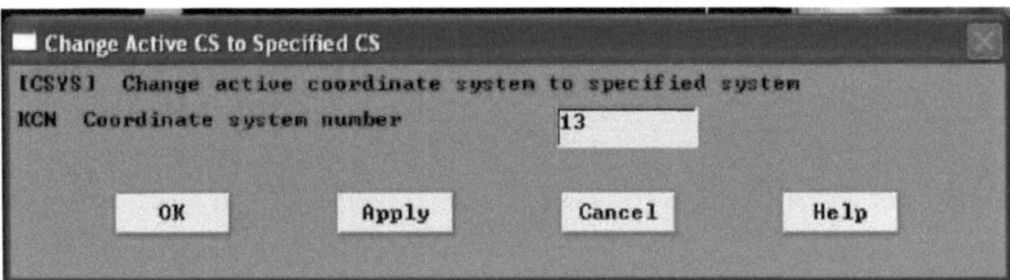

Figura3.15: Introdução de um novo número de sistema de coordenadas

introduzir o sistema de coordenadas n.º. 13 e clicou em "ok".

Em seguida, introduza os seguintes comandos na linha de comando :

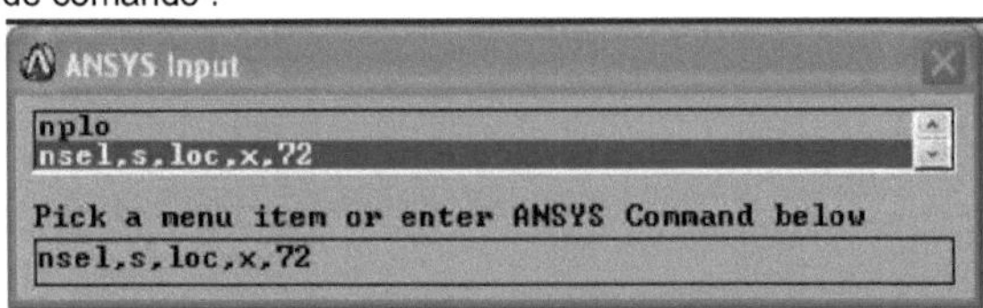

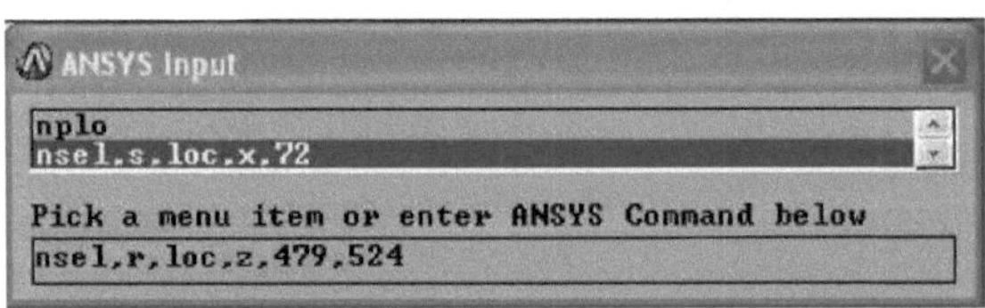

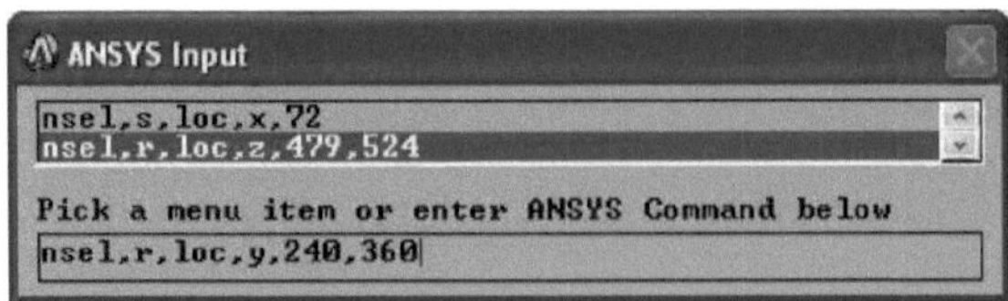

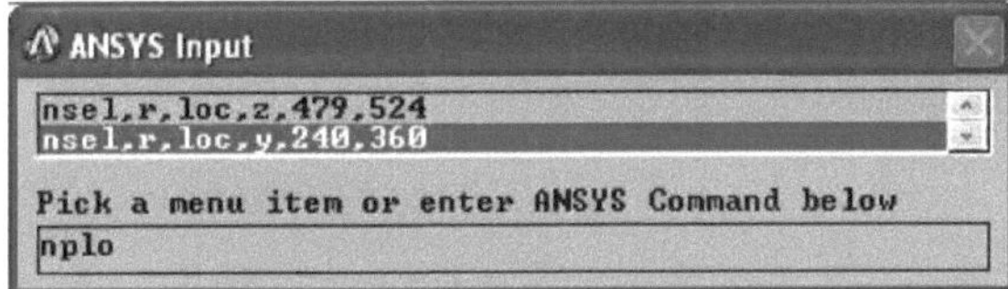

Figura 3.16: Janelas de entrada

Passo 4) Aplicar a carga nos nós seleccionados :

Para aplicar carga nos nós seleccionados :

No menu principal, seleccionámos :
Pré-processador>Cargas>Aplicar>Força/momento > Nos nós

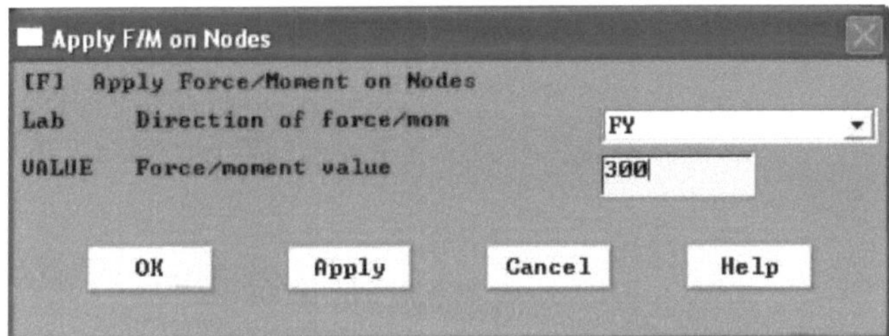

Figura 3.17: Introdução dos valores de carga Clicar em ok

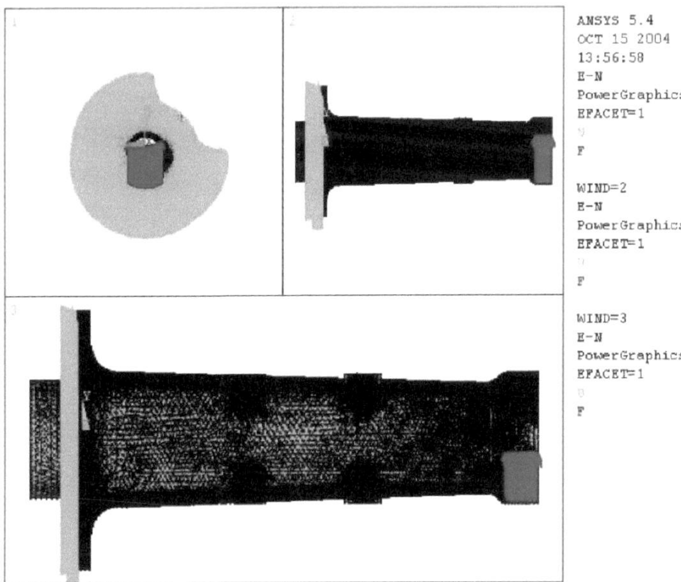

Figura3.18 : Cargas que actuam sobre o componente

Passo 5) Depois de aplicar a carga e as condições de fronteira, a solução foi efectuada. Em seguida, os resultados foram obtidos a partir do pós-processador.

3.6Análise da nova conceção :

A nova conceção do componente foi concebida com um F.O.S. de 1,5.

Nova carga de projeto, P = 236 x 1,5 = 354Kg.

Assim, a nova conceção do componente foi concebida para suportar uma carga de 354 kg. Para melhorar a resistência da secção mais fraca, foram acrescentadas nervuras. O novo projeto foi analisado da mesma forma que o projeto existente.

Capítulo 4

RESULTADOS E DEBATES

4.1INTRODUÇÃO : Neste capítulo, são explicados os vários resultados obtidos após a análise da conceção existente e da nova conceção.

4.2 DESENHO DE SAÍDA: O desenho de saída foi analisado para uma carga de 300 kg. O lado da flange (que está ligado à caixa do diferencial) foi fixado aplicando um grau de liberdade nulo aos nós. No lado da roda (ao qual a roda traseira está ligada) foi aplicada uma carga de 300 kg. Os resultados obtidos são os seguintes

Deflexão:

Deflexão máxima na direção X = .481 E -06

A deflexão máxima ao longo do eixo x ocorre perto da extremidade da roda. A deflexão ao longo do eixo x é mínima perto do lado do flange.

Desvio máximo na direção Y = .234 E-05

A deflexão máxima ao longo do eixo y ocorre perto da extremidade da roda. A deflexão ao longo do eixo y é mínima perto do lado do flange

Máximo. Deformação na direção Z = .129 E-06

A deflexão máxima ao longo do eixo z ocorre perto da extremidade da roda. A deflexão ao longo do eixo z é mínima perto do lado do verdugo.

Tensões:

Tensão máxima produzida no componente = 297,989 N/mm2

A tensão máxima produzida no componente é superior à tensão máxima admissível (260 N/mm2). A tensão máxima é produzida na secção próxima do flange. Uma vez que as tensões produzidas são superiores à tensão admissível, a conceção não é segura e é necessário melhorar a resistência da secção mais fraca.

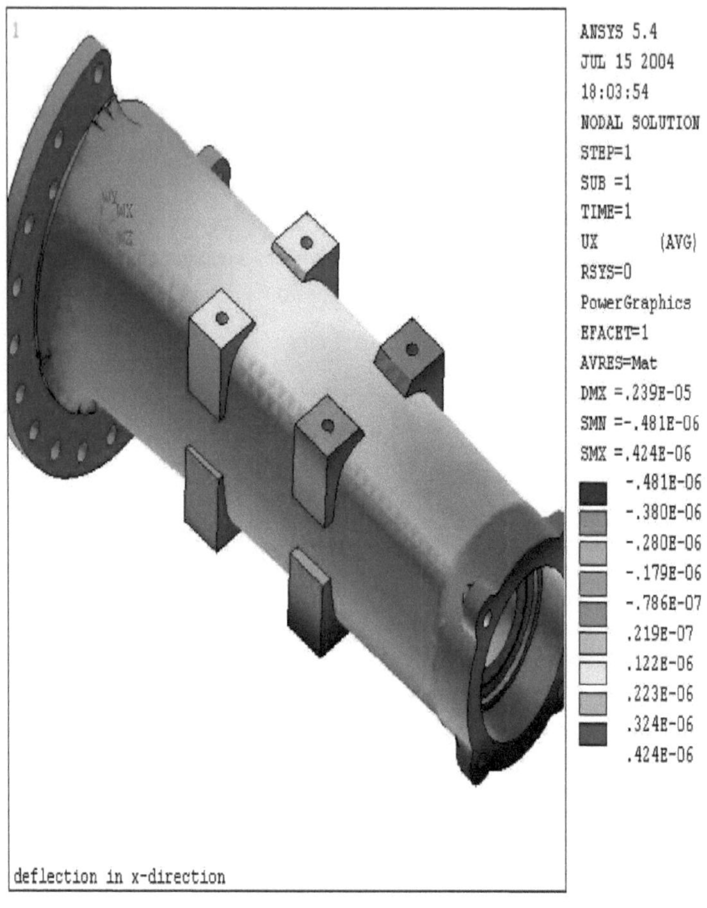

Figure4.1 : Deflection of existing design in X-direction

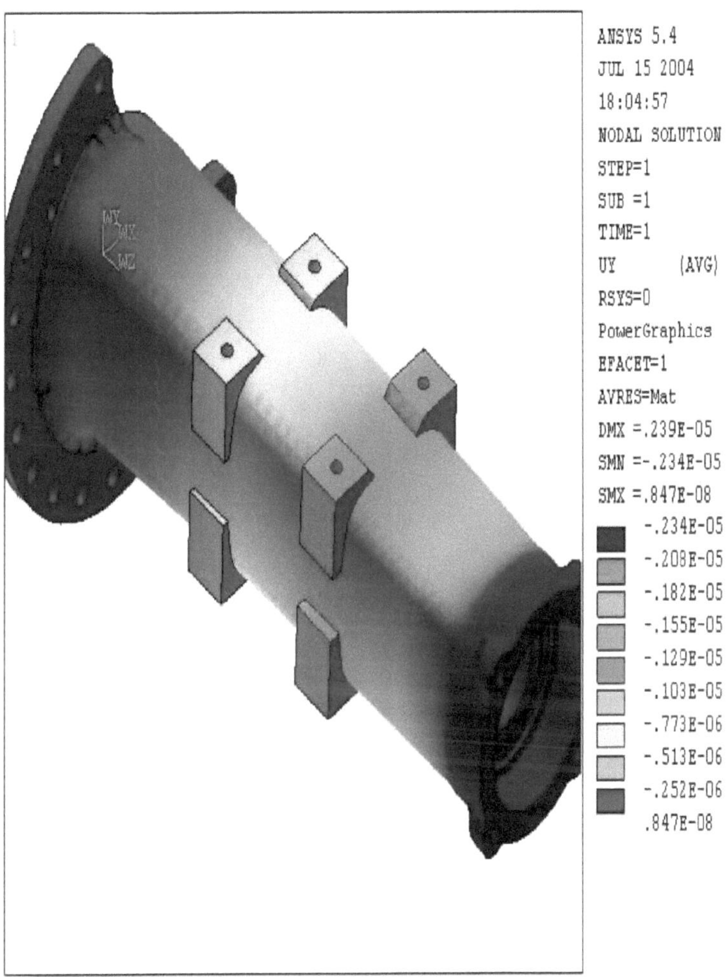

Figure4.2 : Deflection of existing design in Y-direction

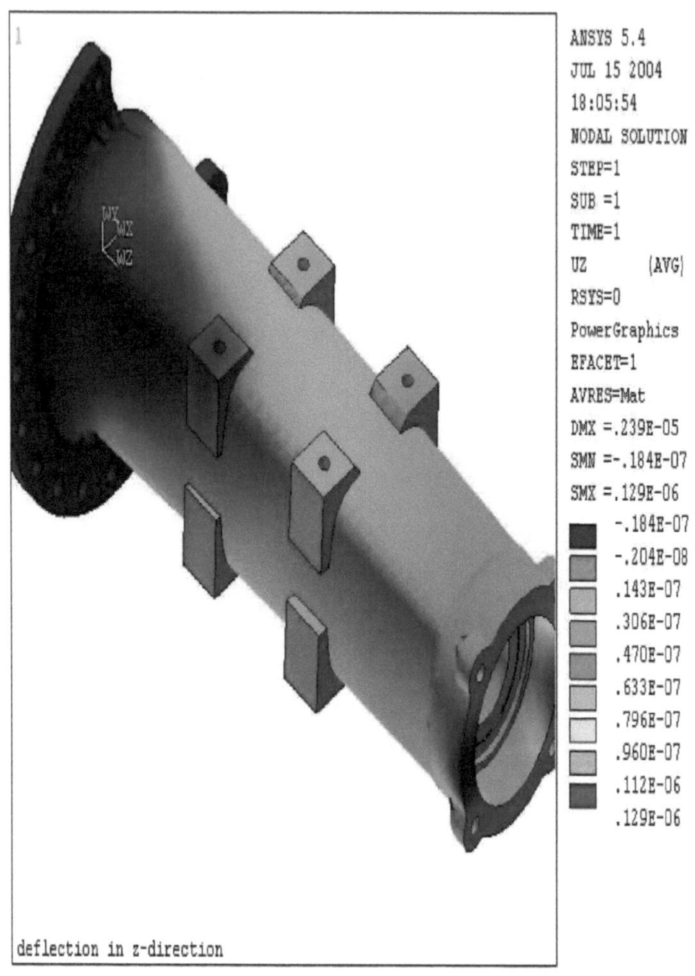

Figure4.3 : Deflection of existing design in Z-direction

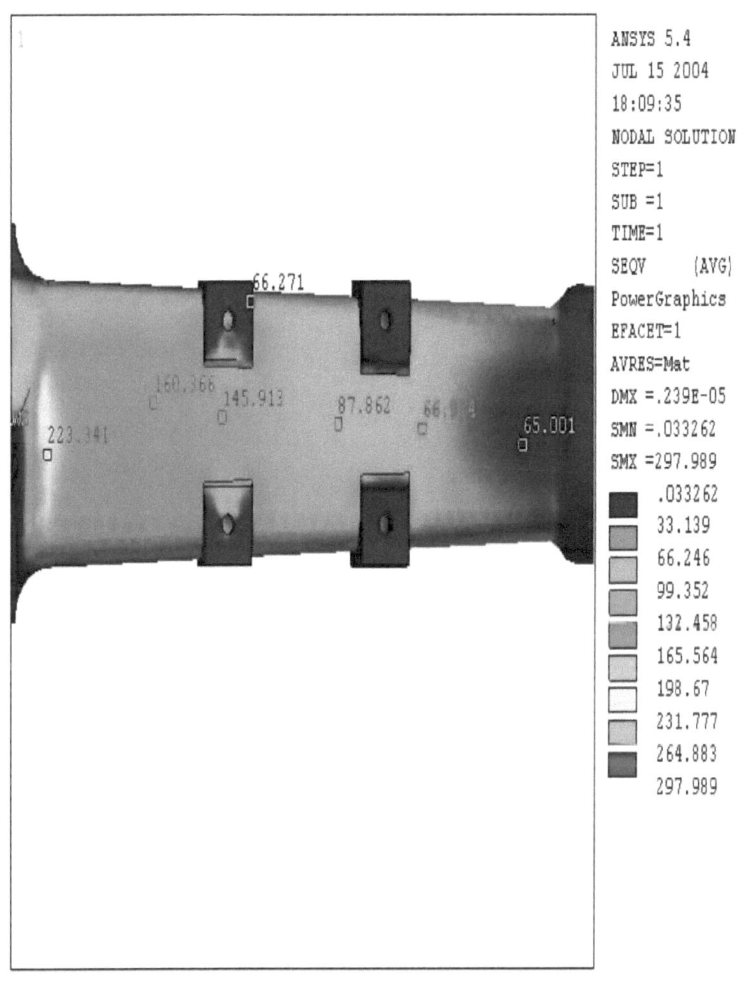

Figure4.4 : Stresses produced in the existing design with Y-axis horizontal

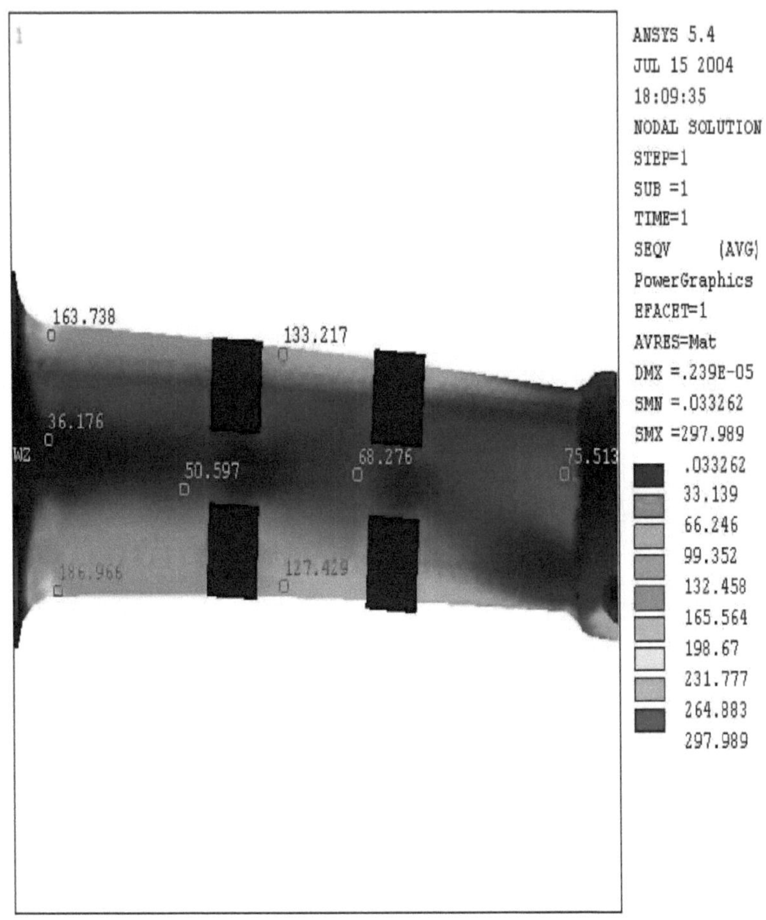

Figure4.5: Stresses produced in the existing design with Y-axis vertical

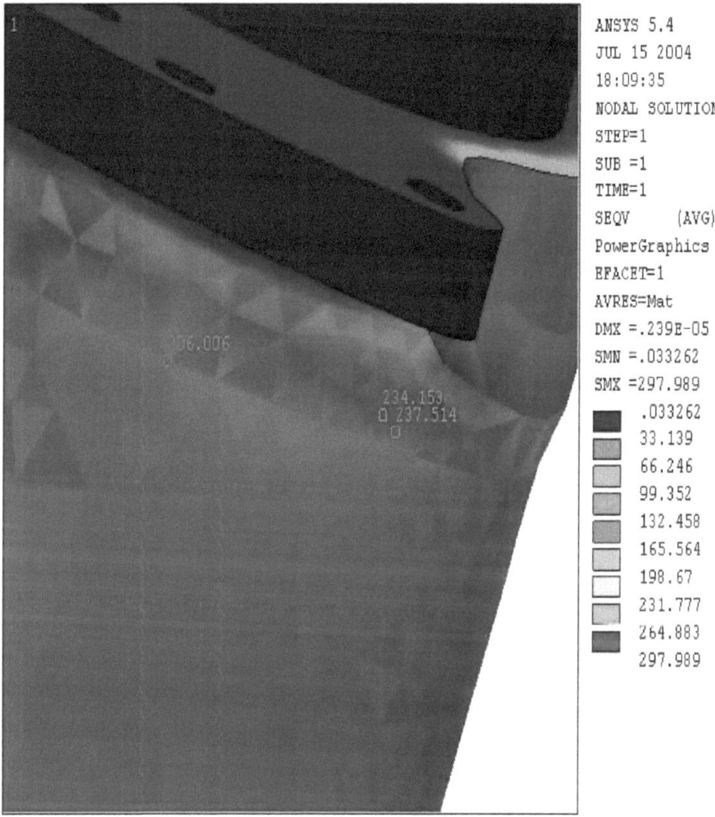

Figure4.6 : Stresses produced in the existing design with Y-axis inclined

4.3 PROJECTO MELHORADO: O novo desenho do componente foi concebido para suportar uma carga de 354 kg. Para melhorar a resistência da secção mais fraca, foram acrescentadas nervuras. A nova conceção foi também analisada da mesma forma que a conceção existente. Foram obtidos os seguintes resultados:

Deflexão:

Deformação máxima ao longo do eixo x = .382 E -03

A deflexão máxima ao longo do eixo x ocorre perto da extremidade da roda. A deflexão ao longo do eixo x é mínima perto do lado do flange.

Deformação máxima ao longo do eixo y = .1829 E -02

A deflexão máxima ao longo do eixo y ocorre perto da extremidade da roda. A deflexão ao longo do eixo y é mínima perto do lado do verdugo.

Deformação máxima ao longo do eixo z = .130 E -03

A deflexão máxima ao longo do eixo z ocorre perto da extremidade da roda. A deflexão ao longo do eixo z é mínima perto do lado do verdugo.

Tensões:

Tensão máxima produzida no componente = 256,45 N/mm2

A tensão máxima produzida no componente é inferior à tensão máxima admissível (260 N/mm2). As tensões máximas são produzidas numa área maior perto da flange. Uma vez que as tensões produzidas são inferiores à tensão admissível, o projeto é seguro.

Assim, ao adicionar uma certa quantidade de material, verifica-se um aumento considerável da resistência do componente.

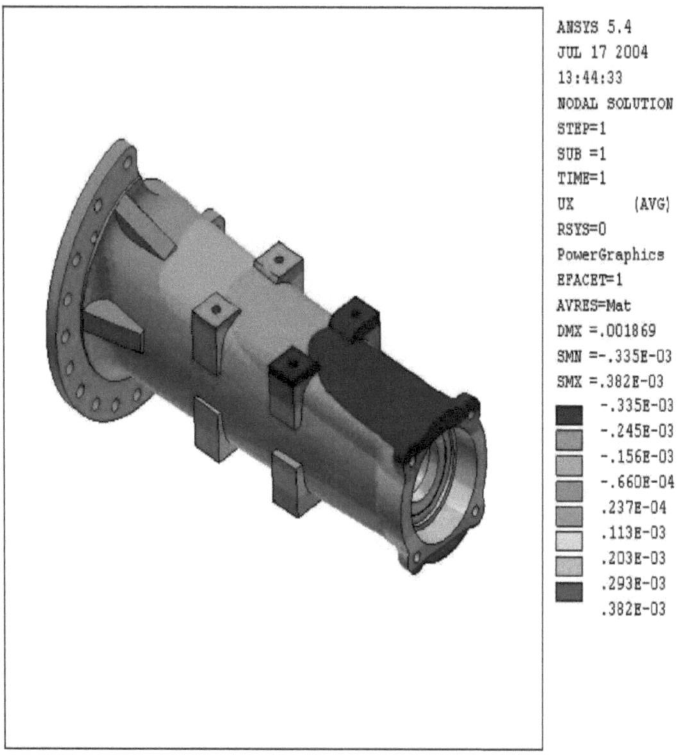

Figure4.7: Deflection of improved design in X-direction

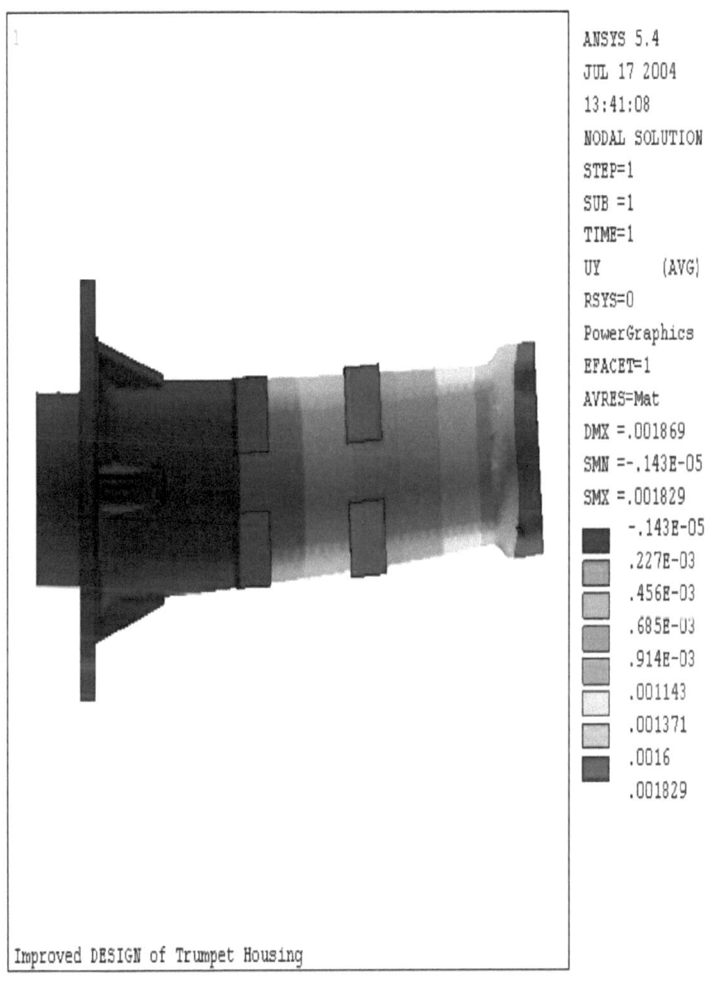

Figure4.8: Deflection of improved design in Y-direction

Figure4.9: Deflection of improved design in Z-direction

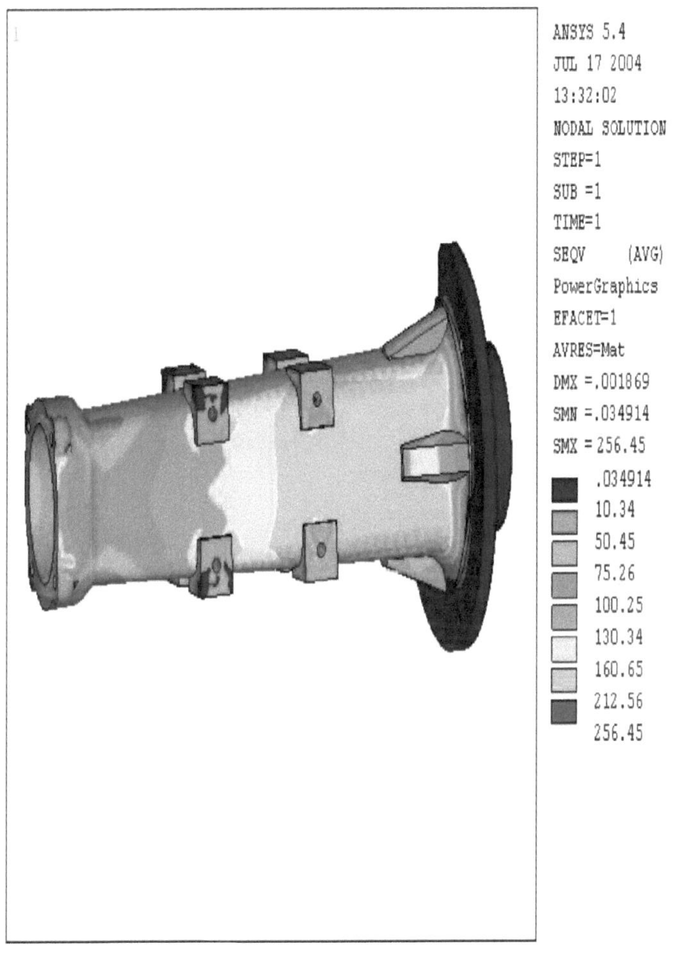

Figure4.10: Stresses produced in the improved design in 1st view

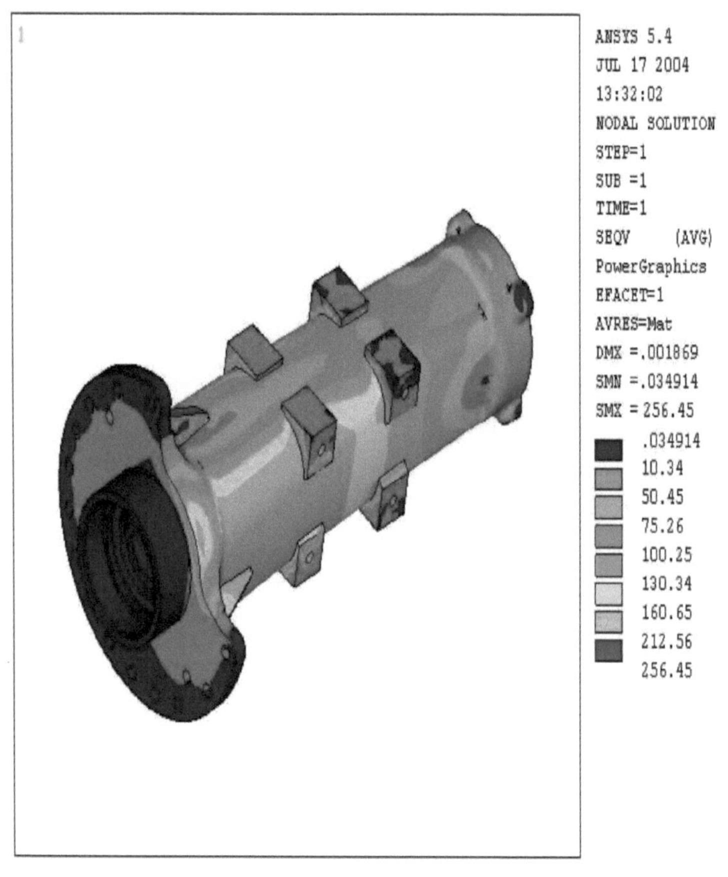

Figure4.11: Stresses produced in the improved design in 2nd view

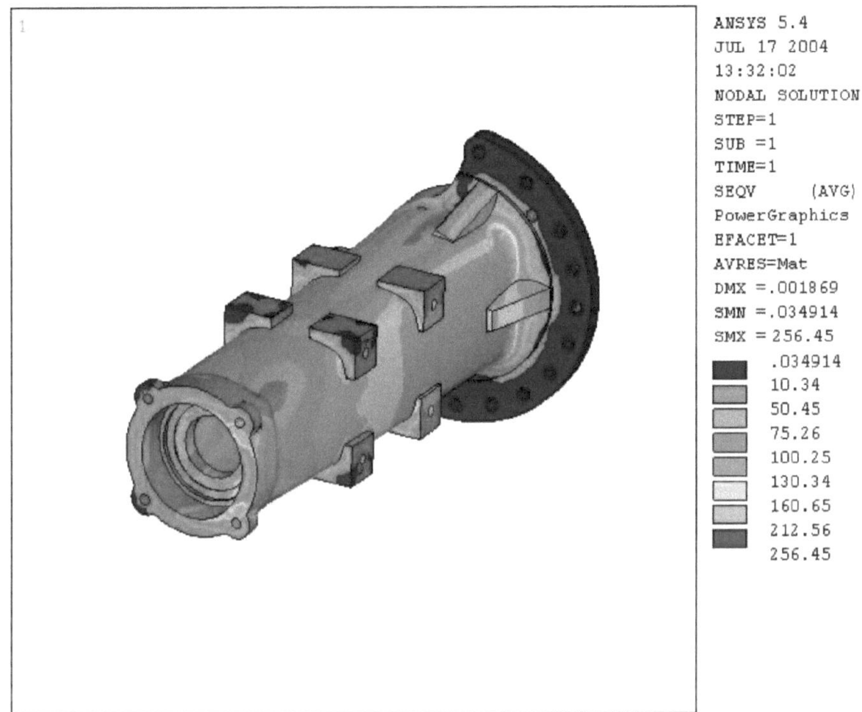

Figure4.12: Stresses produced in the improved design in 3rd view

CAPÍTULOS : CONCLUSÃO E ÂMBITO DO TRABALHO FUTURO

5.1 CONCLUSÃO: Com base no teste de análise, que é realizado no software ANSYS, mostra-se que, adicionando uma pequena quantidade de material sob a forma de nervuras, o componente não falha mesmo com uma carga de 354 kg. Assim, a resistência do componente é consideravelmente melhorada.

Na conceção anterior, verificou-se que o componente falhava mesmo com uma carga de 300 kg. Mas o novo projeto pode suportar uma carga de 354 kg. Assim, sem qualquer aumento considerável na quantidade de material, há um aumento considerável na resistência do componente.

5.2 ÂMBITO DOS TRABALHOS FUTUROS: A partir do diagrama de tensões da conceção melhorada, verificamos que, mesmo agora, as tensões produzidas na nova conceção não são uniformes. Por conseguinte, é possível trabalhar no sentido de otimizar a quantidade de material utilizado, de modo a produzir uma tensão uniforme no componente ao longo de todo o seu comprimento. Assim, a espessura das várias secções ao longo do comprimento pode ser

Printed by Books on Demand GmbH, Norderstedt / Germany